Nouveau programme **Cycle 3**

W0382466

Maths

Collection
Thévenet CM2

Cahier d'exercices

Sous la direction de Serge Thévenet
Inspecteur général de l'Éducation nationale

Annie Debailleul
Josiane Hélayel
Éric Lenoir
Gérard Trève
Jean-François Vincent

BORDAS

1 Numération décimale de position

Je m'entraîne

1 Observe l'exemple et complète.

milliard			million			mille			unité			
c	d	u	c	d	u	c	d	u	c	d	u	
					2	4	3	6	1	2	0	→ A
.....	.....	.....	.....	.....	.....	.....	.....	.....	.....	.....	.....	→ B
		3	0	0	0	1	2	0	0	1	1	→ C
.....	.....	.....	.....	.....	.....	.....	.....	.....	.....	.....	.....	→ D
			1	0	9	0	1	3	0	0	5	→ E

A → deux millions quatre cent trente-six mille cent vingt

B → deux cent dix millions douze mille cent dix

C → ....

D → quinze milliards quatre millions deux mille dix

E → ....

2 Décompose comme dans l'exemple.

3 500 126 = (3 × 1 000 000) + (5 × 100 000) + (1 × 100) + (2 × 10) + 6

13 000 405 = ...

20 080 000 = ...

304 010 100 = ...

3 Observe les exemples et complète les tableaux.

nombre qui précède	nombre donné	nombre qui suit
12 124 126	12 124 127	12 124 128
....	1 300 999	....
....	2 999 099	....

nombre terminé par 000 qui précède	nombre donné	nombre terminé par 000 qui suit
1 275 000	1 275 187	1 276 000
....	3 887 100	....
....	16 879 342	....

© Bordas, Paris, 2004 ISBN 2-04-729912-8

4 Range les nombres suivants du plus petit au plus grand.

1 834 783	1 874 435	1 843 738	1 847 435

....

5 Respecte les consignes suivantes.

46 754

↓

• Intervertis le chiffre des dizaines de mille et celui des dizaines.

↓

....

↓

• Intervertis le chiffre des unités de mille et celui des dizaines.

↓

....

↓

• Intervertis le chiffre des unités de mille et celui des unités.

↓

....

6 Complète avec le signe qui convient : >, < ou =.

$(72 \times 10^3) + (4 \times 10^2)$ 720 400

$(5 \times 10^6) + (3 \times 10^3)$ 5 003 000

$(4 \times 10^9) + (6 \times 10^6)$ 4 000 600 000

1 243 526 427 ...... 1 243 625 427

57 000 000 ...... 56 348 998

3 999 999 ...... 4 000 000

Je cherche

1 Quels sont les trois plus grands nombres de sept chiffres qu'il est possible d'écrire avec les chiffres ci-dessous ?

4	2	7	6	9	8	3

Chaque chiffre ne doit être utilisé qu'une seule fois.

- ....
- ....
- ....

2 Complète ce tableau qui indique l'évolution de la population française.

année	population	
	en milliers	en millions
1960	45 465	....
1970	50 528	....
1980	....	53 731 000
1990	56 577	....
2000	....	59 226 000

2 Mesurer des longueurs

Je m'entraîne

1 a) Sur la ligne suivante, trace un segment *AB* de longueur 8,5 cm.

b) Sur la ligne suivante, trace un segment *CD* de longueur 113 mm.

2 Complète.

148 cm = ... m	1,03 m = ... cm	85 cm = ... mm
0,4 dm = ... cm	4,5 km = ... m	2,05 km = ... m

3 Complète en écrivant l'unité qui convient.

4,8 cm = 48	0,5 m = 0,05	240 cm = 0,24 ....
6,37 dm = 637	1 600 m = 1,6	18 hm = 1 800 ....

4 Effectue les opérations.

1 km + 7 hm + 2 m = ... m	8 m + ... m = 1 dam
1 hm + 7 m = ... dam	3 hm + 20 dam = 5 ....
4 km + 6 dam + 7 m = ... hm	4,6 km + ... m = 6 km

5 Entoure la mesure qui convient pour exprimer :

• la distance Paris-Lyon →	45 dam	450 km	4 500 m
• la longueur d'un rouleau de ruban adhésif →	10 cm	1 m	10 m
• l'épaisseur d'une pièce de 1 € →	0,2 mm	2 mm	2 cm

Je cherche

1 Au bord des routes, chaque kilomètre est marqué par une borne kilométrique.
Entre deux bornes kilométriques, chaque hectomètre est marqué par une borne hectométrique.

a) Entre deux bornes kilométriques, combien y a-t-il de bornes hectométriques ?

....

b) Je pars d'une borne kilométrique et je parcours 4 km. En comptant la borne de départ et celle d'arrivée :

Combien ai-je trouvé de bornes kilométriques ?

....

Combien ai-je trouvé de bornes hectométriques ?

....

2 Une pelote de ficelle mesure 120 m.
Une autre pelote mesure 48 m de plus que la précédente.

Quelle est la longueur totale des deux pelotes ?

....

3 Le tunnel du Mont-Cenis a une longueur de 12 220 m. La longueur du tunnel du Saint-Gothard dépasse de 2,7 km celle du tunnel du Mont-Cenis.
Quelle est la longueur du tunnel du Saint-Gothard ?

....

4 **a)** La lumière parcourt 300 000 kilomètres en une seconde.
Calcule la distance qu'elle parcourt en une année.

....

Cette distance s'appelle l'année-lumière.

b) L'étoile Polaire est située à 46,55 années-lumière de la Terre.
Calcule cette distance en milliards de kilomètres.

....

3 Additionner et soustraire des nombres entiers

Je m'entraîne

1 Calcule sans poser les opérations.

17 + 38 + 3 = ...

296 + 24 + 45 = ...

364 − 30 = ...

700 − 201 = ...

2 Complète avec le signe qui convient : >, < ou =.

124 − 112	....	124 − 118
756 − 63	....	865 − 63
2 388 − 120	....	1 200 − 238
886 + 374	....	986 + 274

3 Entoure la réponse qui te semble la plus proche du résultat.

6 324 + 250 + 228 →	6 000	7 000	8 000
20 416 − 6 812 →	1 400	14 000	1 500
6 313 + 502 + 29 989 →	36 000	39 000	3 800
122 445 − 6 612 →	116 000	11 600	119 000

4 Complète sans poser les opérations.

34 + ... = 100	350 + ... = 1 000	100 − 87 = ...
25 + ... = 100	640 + ... = 1 000	1 000 − 250 = ...
57 + ... = 100	730 + ... = 1 000	1 000 − 630 = ...

5 Pose et effectue les opérations.

2 789 + 5 432 | 8 092 − 774 | 4 027 + 3 209 + 3 072 | 9 027 − 1 689

6 Complète les opérations.

4235		3 . 5 .		
+ 2367	. 8 . 9	+ . 234	4 . . 3	9762
+	− 2 . 75	+ 43 . 7	− 243 .	− . . . .
7948	426 .	9878	. 254	2676

7 Observe l'exemple et trouve le nombre qui, ajouté aux deux autres, donne 100.

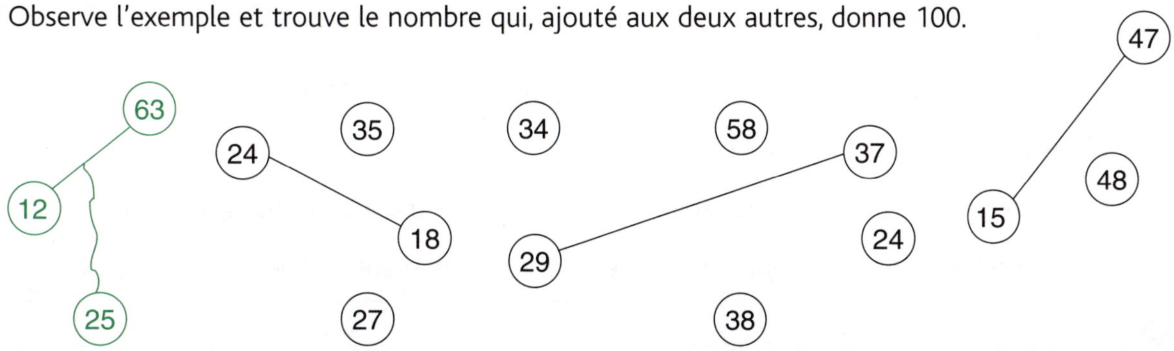

8 Monsieur Razet part faire ses courses avec une certaine somme d'argent. Il retire 100 € au distributeur puis achète un manteau à 78 €. Il va ensuite au supermarché où il dépense 98 €, puis à la pharmacie où il achète pour 18 € de médicaments. À son retour, il lui reste 14 €.
Quelle somme d'argent avait-il au départ ?

....

Opérations

Je cherche

1 Comment peut-on faire un score de 100 points sur cette cible ?

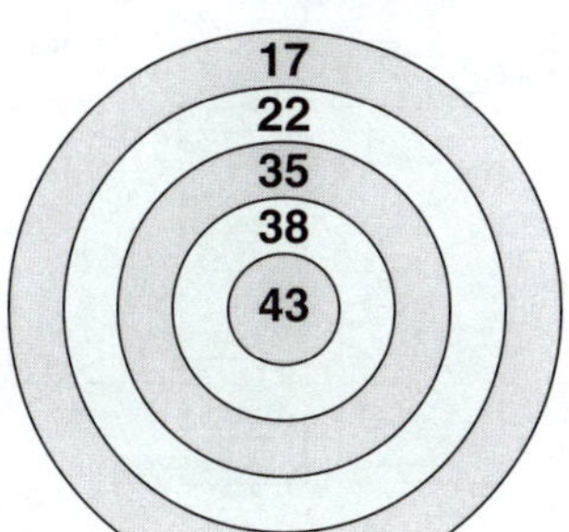

.... = 100

2 Remplace chaque figure par un des chiffres suivants : **1 2 3 4 5**

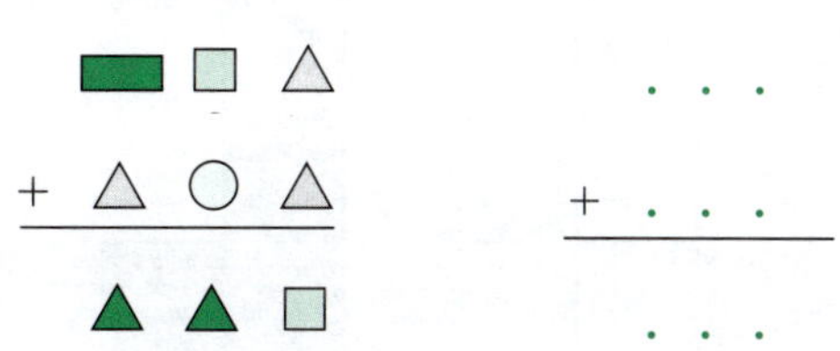

Écris ensuite l'opération qui correspond.

Les polyèdres

Je m'entraîne

1 **a)** Les solides suivants sont-ils des polyèdres ? Coche la bonne réponse.

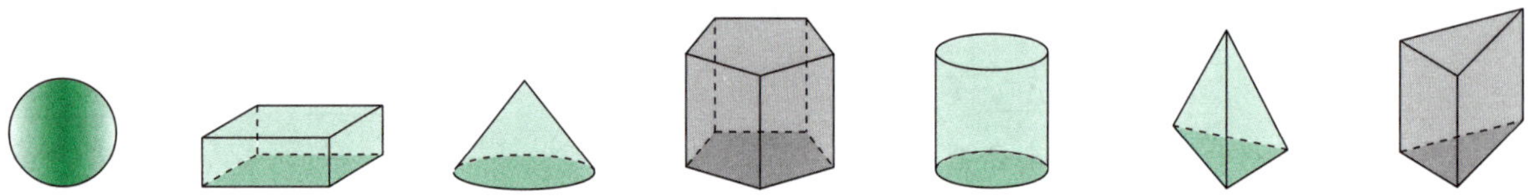

A B C D E F G

A	B	C	D	E	F	G
☐ oui	☐ oui	☐ oui	☐ oui	☐ oui	☐ oui	☐ oui
☐ non	☐ non	☐ non	☐ non	☐ non	☐ non	☐ non

b) Associe chaque solide à son nom.

pavé : solide .... cône : solide .... prisme à base triangulaire : solide ....

sphère : solide .... cylindre : solide .... tétraèdre : solide ....

2 Voici les patrons de deux polyèdres.

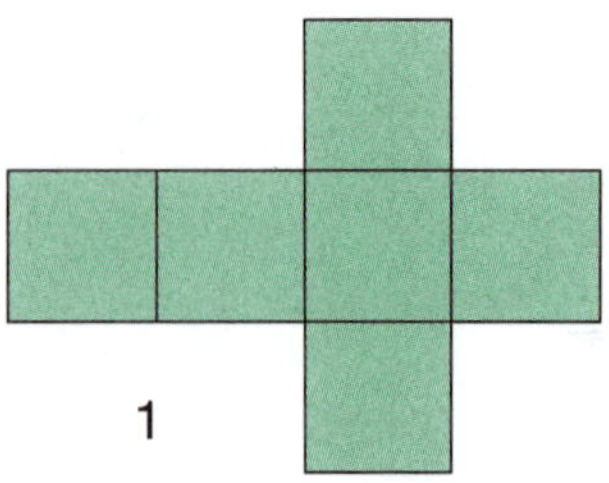

1

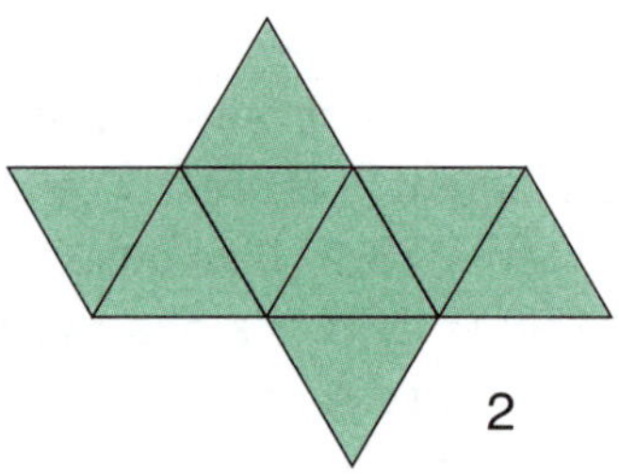

2

a) Reproduis-les en multipliant les dimensions par 2 puis construis ces polyèdres.

b) Complète la phrase suivante.

Le polyèdre 1 est un ...., le polyèdre 2 est un ....

3 Parmi les assemblages suivants, indique le numéro des patrons du cube.

1 2 3 4 5

Patrons du cube : ....

Je cherche

1 Complète le tableau.

Polyèdres	Nombre de faces F	Nombre de sommets S	Nombre d'arêtes A	F + S – A = ...
Cube	6	8	12	6 + 8 – 12 = 2
Tétraèdre	....	....	....	....
Pavé droit	....	....	....	....
Pyramide à base carrée	....	....	....	....
Prisme	....	....	....	....

2 Pour chaque solide, trace les arêtes cachées en pointillé.

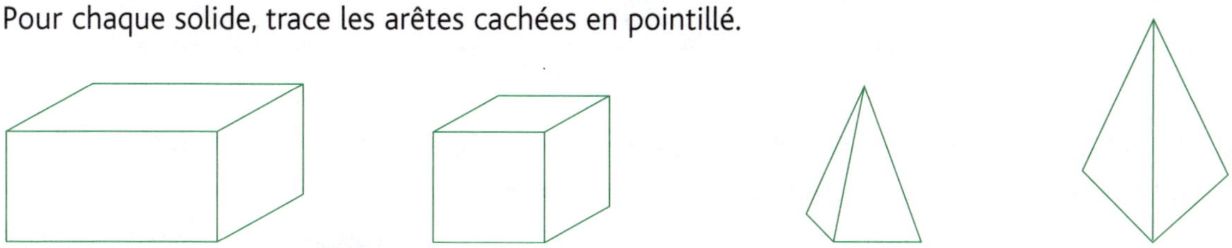

3 On a coupé 3 solides : *A*, *B* et *C*. On a obtenu les solides 1, 2 et 3.
Relie les solides correspondants.

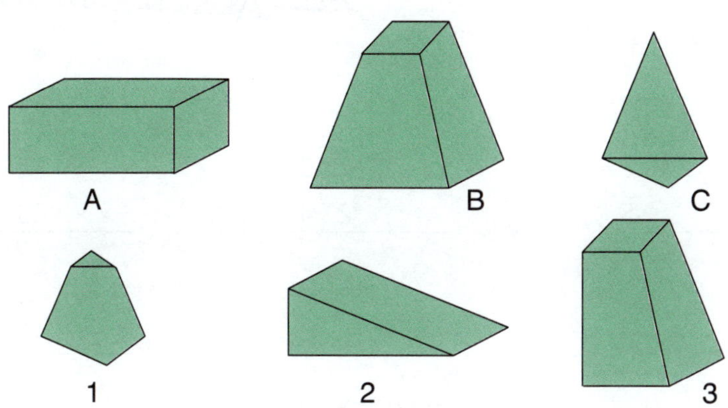

5 Multiplier des nombres entiers

Je m'entraîne

1 Calcule sans poser les opérations.

5 × 10 = ... 42 × 10 = ... 4 × 6 × 5 = ... 25 × 3 × 2 = ...

3 × 20 = ... 13 × 20 = ... 2 × 15 × 7 = ... 50 × 11 × 2 = ...

2 Entoure la valeur approchée de chacun des produits ci-dessous.

29 × 31 : 690 600 900

58 × 69 : 3 500 4 200 3 600

79 × 398 : 3 200 320 000 32 000

3 Range, sans les effectuer, les produits suivants du plus petit au plus grand.

a)

14 × 5	14 × 7	14 × 12	14 × 3	14 × 11	14 × 18

....

b)

25 × 6	29 × 9	28 × 6	15 × 3	18 × 8	8 × 28

....

4 On sait que : **342 × 14 = 4 788** **342 × 5 = 1 710** **342 × 3 = 1 026**.

Utilise ces résultats pour calculer les produits suivants.

342 × 6 = ...

342 × 9 = ...

342 × 19 = ...

342 × 2 = ...

5 Effectue les opérations.

```
   3 2 5        2 3 1 2        1 7 9        2 6 4
×      6     ×        5     ×    2 4     ×  3 0 8
----------   ------------   ----------   ----------
.........    ...........    .........    .........
                            .........    .........
                            .........    .........
```

6 Trouve les chiffres qui manquent dans ces multiplications.

		.	8
×		1	.
		7	2
	1	.	
	.	5	.

	1	.	4
×		6	.
	3	7	2
7	4	.	
.	.	.	.

	1	.	.	.
×			.	6
	.	4	9	0
.	.	3	0	
3	.	.	.	.

	.	3	.	4
×			2	3
	7	.	2	.
.	.	.	.	
.	.	.	.	.

7 Une classe de CM2 compte 25 élèves. Le maître commande pour chaque élève un livre à 13 € et un livre à 11 €.
Trouve le montant total de la commande.

....

....

Opérations

Je cherche

1 À l'école des Érables, il y a 12 classes et 310 élèves. Sachant qu'il y a 5 classes de 26 élèves, 4 classes de 27 élèves et que les trois classes qui restent ont le même nombre d'élèves, trouve quel est ce nombre.

....

2 Un million d'euros en billets de 100 € mis les uns sur les autres auraient une hauteur de 3 m.

a) Combien y a-t-il de billets de 100 € dans un million d'euros ? ....

b) Quelle serait la hauteur d'un milliard d'euros ? ....

3 Observe l'exemple et complète les grilles en utilisant une seule fois les nombres de 1 à 9.

2	**5**	**3**	→ 30 (2 × 5 × 3)
6	**1**	**4**	→ 24
7	**9**	**8**	→ 504
↓ **84** (2 × 6 × 7)	↓ **45**	↓ **96**	

1	....	5	→ 20
6	....	8	→ 96
....	7	....	→ 189
↓ 54	↓ 56	↓ 120	

....	....	7	→ 14
9	....	....	→ 360
....	6	....	→ 72
↓ 36	↓ 60	↓ 168	

6 Mesurer des masses

Je m'entraîne

1 Complète les égalités suivantes.

1 kg = ... g   1 g = ... kg   1,4 g = ... dag

1 hg = ... g   1 hg = ... kg   0,15 hg = ... g

1,8 kg = ... g   5 003 g = ... kg   240 dag = ... hg

---

2 Complète avec les unités manquantes.

6,5 .... = 6 500 g   4,325 t = 4 325 ....   52 dg = 0,052 ....

48 .... = 4,8 g   645 g = 0,645 ....   43,5 kg = 0,0435 ....

---

3 Observe l'exemple et complète de même.

2 kg 5 hg 3 g → 2 503 g

1 hg 3 g → .... dag

4 kg 3 dag 7 g → .... hg

7 g .... g → 1 dag

9 dg .... hg → 11 090 cg

4,3 kg .... g → 6 kg

---

4 Observe les deux pesées et trouve la masse des objets *A* et *B*.

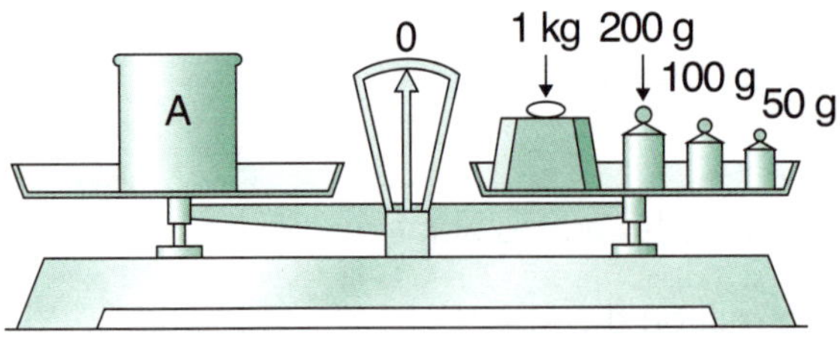

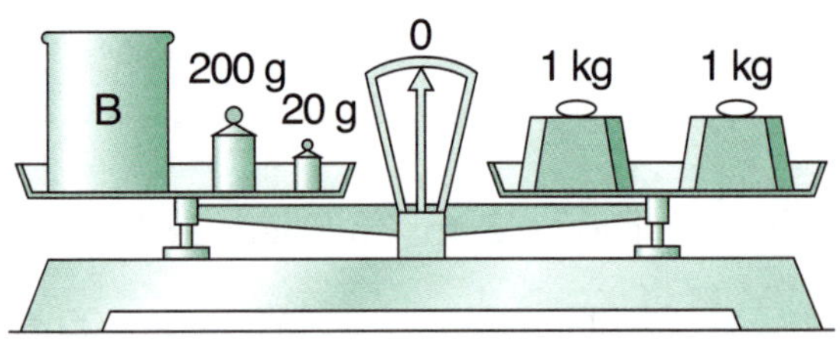

A : ....   *B* : ....

---

5 Observe les deux pesées et trouve la masse des objets *A* et *B*.

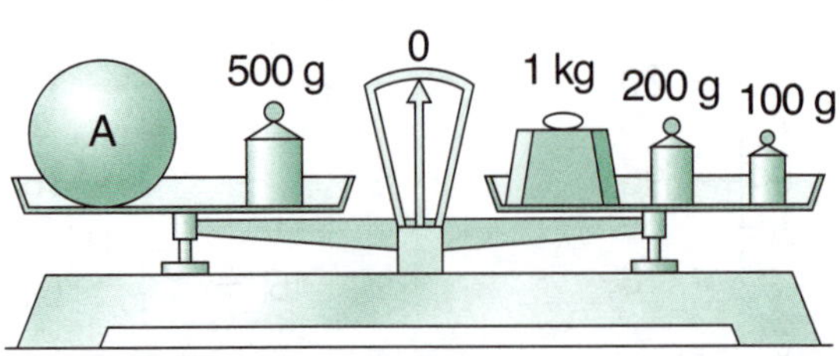

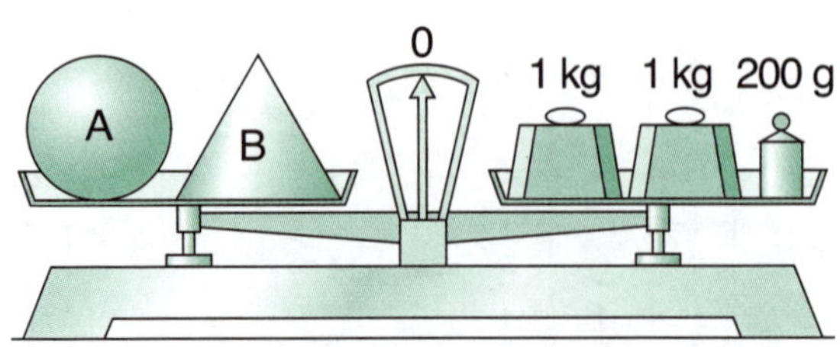

A : ....   *B* : ....

Je cherche

1 Deux kilogrammes de beurre coûtent 12 €.

a) Quel est le prix d'une livre de beurre (1 livre = 500 g) ?

b) Quel est le prix d'une demi-livre de beurre ?

---

2 Voici l'équivalence en calories pour 100 g de quelques aliments :

croque-monsieur	600 cal	bifteck	260 cal	jus d'orange	65 cal
mousse au chocolat	500 cal	saumon frais	175 cal	betteraves	45 cal
brie	330 cal	poulet	109 cal	tomates	26 cal
pommes de terre sautées	290 cal	lentilles	100 cal	endives	25 cal
saucisse	427 cal	merlan	80 cal	carottes	33 cal

Un enfant entre 10 ans et 12 ans a besoin de 2 600 calories par jour.
En utilisant des aliments ci-dessus, trouve un exemple de ration journalière permettant d'atteindre ou de dépasser 2 600 calories.

---

3 Une pierre rare coûte 66 € les 20 g.
Quel est le prix d'un kilogramme de cette pierre ?

4 Paul, Alice et Julie montent sur une balance. À eux trois, ils pèsent 60 kg. Le poids de Paul est égal à une fois et demie celui d'Alice. Le poids d'Alice est égal à 2 fois celui de Julie. Combien pèse Julie ?

---

5 Voici une liste de 9 mesures :

800 cm   27 kg   1,5 L   800 km   27 g   1,5 hL   800 m   27 t   1,5 cL.

Complète chaque phrase avec une mesure de la liste.

a) Philippe s'est pesé ; il a lu sur la balance ……

b) Monsieur Durand est allé de Paris à Marseille. Il a parcouru ……

c) Aline mesure la capacité d'une bouteille d'eau minérale, elle trouve ……

Multiples et diviseurs d'un nombre

Je m'entraîne

1 a) Écris la liste des multiples de 10 compris entre 120 et 200.

120 ....

b) Écris la liste des multiples de 6 compris entre 180 et 216.

180 ....

c) Écris la liste des diviseurs de 18. ....

Écris la liste des diviseurs de 36. ....

Que constates-tu ? ....

2 Complète les écritures des nombres pour qu'ils soient :

- divisibles par 2 : 3 3 . 2 4 . . 6 2 .
- divisibles par 3 : . 1 2 7 0 . 2 1 . 2
- divisibles par 2 et 3 : 2 1 . 4 . 3 . . . 3 .

3 Complète les écritures des nombres suivants pour que, dans la division par 5 :

- le reste soit égal à 1 : 2 5 . 2 3 6 . 1 4 3 .
- le reste soit égal à 2 : 5 6 . 2 3 7 . 7 . 3 .
- le reste soit égal à 4 : 5 2 . 6 2 1 . 7 8 2 .

4 Calcule.

(40 + 16) : 4 = ... (200 + 40 + 8) : 2 = ...

(60 + 24) : 6 = ... (600 + 60 + 12) : 6 = ...

(50 + 25) : 5 = ... (500 + 40 + 15) : 5 = ...

5 « Cette année, mon âge est un multiple de 6 et l'an prochain, il sera un multiple de 5 », dit une grand-mère à sa petite-fille.

Quel est l'âge de la grand-mère sachant qu'elle a plus de 70 ans et moins de 90 ans ?

....

6 Trouve tous les nombres qui divisent à la fois le nombre 42, le nombre 56 et le nombre 70.

....

Quel est le plus grand de ces diviseurs ?

....

Je cherche

1 « Le nombre de chevaux de course de mon écurie est le plus grand diviseur de 40 et de 56 », dit un éleveur.
Combien a-t-il de chevaux ?

....

....

2 Un cycliste a parcouru en une journée un nombre de kilomètres inférieur à 100 mais divisible par 3, 4 et 5.
Combien de kilomètres a-t-il parcourus ?

....

....

3 Réponds par « vrai » ou par « faux ».

a) Tous les nombres terminés par 8 sont divisibles par 4 : ....

b) Tous les nombres divisibles par 6 sont divisibles par 3 : ....

c) Un nombre qui se termine par 0 est un multiple de 2 : ....

d) Tous les nombres qui se terminent par 3, 6 ou 9 sont multiples de 3 : ....

e) Il existe des nombres terminés par 6 qui sont divisibles par 7 : ....

4 Complète la grille.

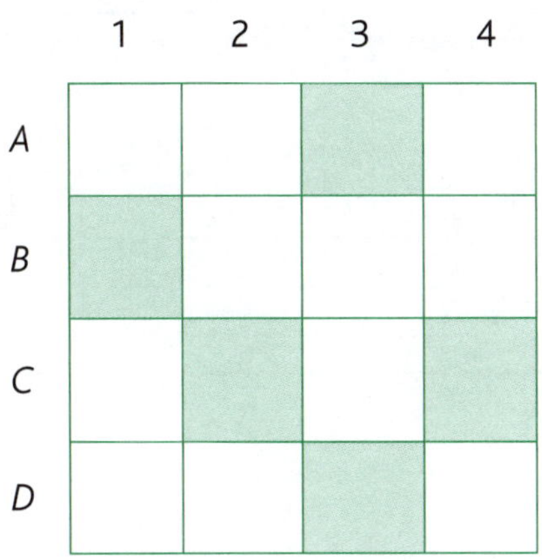

Horizontalement

A : multiple de 3 et 4;
moitié de 10

B : multiple de 10, de 6 et de 5

C : premier multiple de 2 et de 3;
diviseur de 12 et de 9

D : plus petit multiple de 6 et de 11 ;
double de 4

Verticalement

1 : diviseur de tous les nombres;
multiple de 6 et de 11

2 : multiple de 3 et de 7;
diviseur de 12 et de 30

3 : nombre premier supérieur à 20

4 : multiple de 5; diviseur de 16
et multiple de 4

8 Droites perpendiculaires et droites parallèles

Je m'entraîne

1

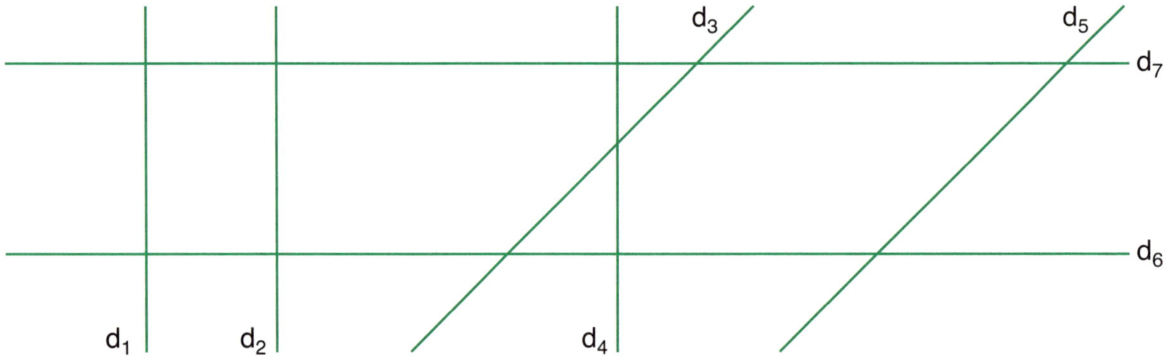

Complète les phrases avec les mots **parallèle** ou **perpendiculaire**. *(Vérifie en utilisant ton équerre.)*

La droite d_1 est .... à la droite d_4.

La droite d_2 est .... à la droite d_6.

La droite d_6 est .... à la droite d_7.

La droite d_4 est .... à la droite d_6.

La droite d_3 est .... à la droite d_5.

La droite d_4 est .... à la droite d_2.

2 Trace en vert deux droites parallèles à la droite d_2, puis en bleu deux droites perpendiculaires à la droite d_2.
Que peux-tu dire des droites vertes et des droites bleues ?

....

3 À l'aide d'une équerre, trace la droite d_1 perpendiculaire à la droite d qui passe par le point A. Puis, à l'aide d'un compas, trace le cercle de centre B qui passe par A.
Combien de fois le cercle et la droite d_1 se rencontrent-ils ?

....

....

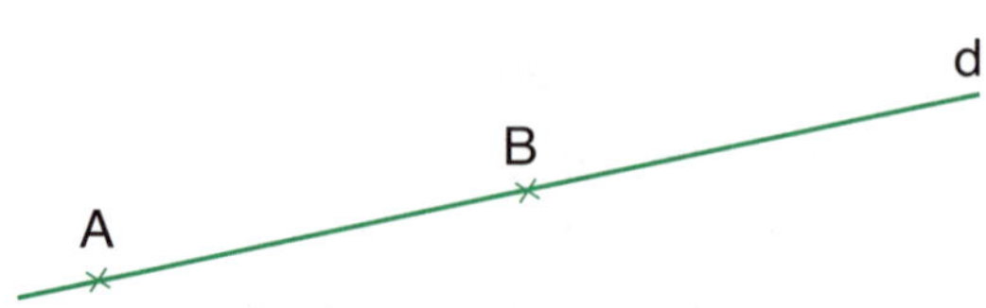

4 À l'aide de ton équerre, trace la droite perpendiculaire à la droite *d* qui passe par le point *A*.

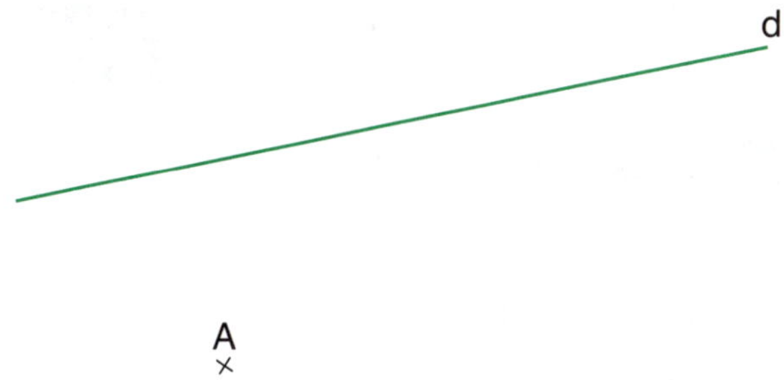

Je cherche

1 Voici un cercle de centre *O* et de diamètre *AB*.

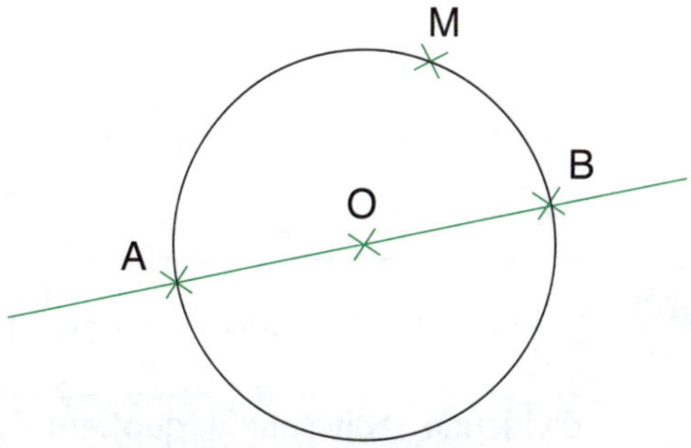

a) Trace les segments *AM* et *MB*. Que peux-tu dire du triangle *AMB* ? *(Utilise ton équerre.)*

....

b) Place trois autres points sur le cercle : *N*, *P*, *R*. Que peux-tu dire des triangles *NAB*, *PAB* et *RAB* ? *(Utilise ton équerre.)*

....

2 Trace une droite d_1 parallèle à la droite *d*.

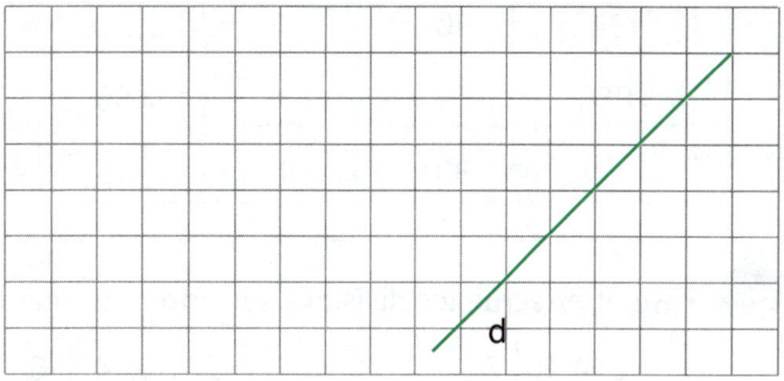

3 Reproduis la figure suivante en utilisant ton double décimètre et ton équerre.

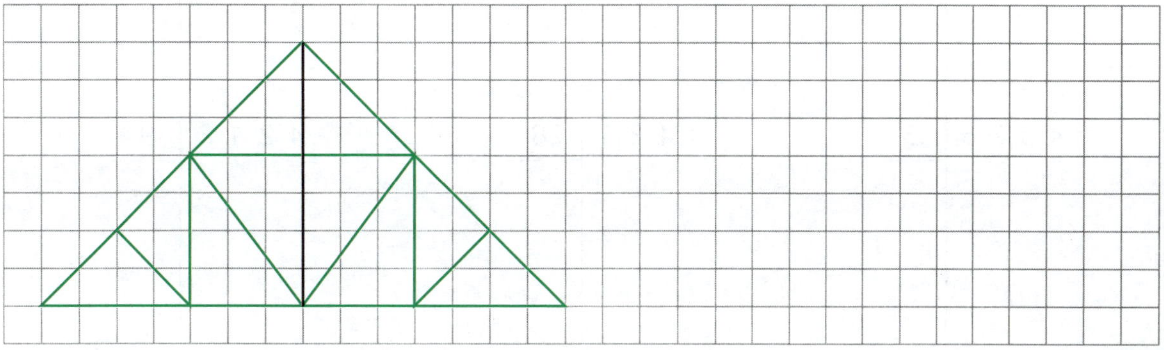

9 Diviser des nombres entiers

Je m'entraîne

1 Observe l'exemple puis calcule de la même façon.

(45 + 18) : 9 = (45 : 9) + (18 : 9) = 5 + 2 = 7

(72 + 32) : 8 = ...

(63 + 45) : 9 = ...

(66 + 36) : 6 = ...

---

2 Observe l'exemple puis calcule de la même façon.

125 : 5 = (100 : 5) + (25 : 5) = 20 + 5 = 25

104 : 4 = ...

105 : 7 = ...

112 : 8 = ...

---

3 Complète les tableaux sans poser les opérations.

dividende	diviseur	quotient	reste
84	40	2	....
134	30	....	....
1 856	....	3	56
....	30	4	15

dividende	diviseur	quotient	reste
146	30	....	....
2 512	80	....	....
....	30	5	18
247	....	6	....

---

4 Pose et effectue les divisions suivantes sur une feuille à part.

2 4 8 | 7

3 1 2 4 | 6

9 2 7 2 | 12

4 3 2 5 | 15

3 4 2 1 | 28

4 2 1 2 | 9

5 Trouve les chiffres qui manquent dans les divisions.

```
 . . . .  | 6
- 4 2     |------
   1 7    | . 2 9
  - . .
     . 4
    - . .
     0 0
```

```
 4 . . .  | .
- . .     |------
   4 9    | 8 . .
  - . .
   4 7
  - . .
     . .
```

```
 1 5 7  | . .
- . .   |------
   3 7  | 1 .
  - . .
      1
```

Je cherche

1 Dans quel ordre faut-il placer les chiffres 2, 6 et 7 pour que le nombre de trois chiffres obtenu soit divisible par 7 ?

....

2 Trouve trois nombres qui se suivent et dont la somme est égale à 78.

....

3 Monsieur Riant achète des CD qui coûtent tous le même prix. Il paie 168 €.
Madame Riant achète 7 CD de plus que monsieur Riant et paie 315 €.

a) Quel est le prix d'un CD ? ....

b) Combien de CD monsieur et madame Riant ont-ils achetés ?

....

4 **a)** Écris tous les nombres de trois chiffres distincts que tu peux former en utilisant les chiffres 1, 2 et 3. *(Attention : tu ne dois pas utiliser deux fois le même chiffre.)*

....

b) Calcule la somme de tous ces nombres. ....

c) Divise cette somme par $1 + 2 + 3$. ....

d) Suis les consignes a) et b) avec les chiffres 3, 5 et 7. ....

....

....

Divise cette somme par : $3 + 5 + 7$. ....

10 Repérage du temps, mesure des durées

Je m'entraîne

1 Complète.

9 h = ... min

20 h = ... min

3 h 25 min = ... min

9 h 33 min = ... min

2 Complète.

1 min = ... s

2 min 50 s = ... s

3 min 27 s = ... s

5 min 3 s = ... s

3 h 13 min 5 s = ... s

3 h 40 min 20 s = ... s

3 Exprime en h et min les durées suivantes.

197 min = ... h .... min

146 min = ... h .... min

279 min = ... h .... min

327 min = ... h .... min

4 Exprime en h, min, s les durées suivantes.

3 700 s = ...

50 038 s = ...

9 248 s = ...

23 000 s = ...

5 Effectue les additions suivantes.

3 h 17 min	4 h 39 min	2 h 12 min 27 s	2 h 23 min 38 s
+ 2 h 26 min	+ 5 h 27 min	+ 4 h 36 min 48 s	+ 5 h 36 min 54 s
....	....	....	....

6 Effectue les soustractions suivantes.

2 h 49 min	3 h 15 min	6 h 42 min	7 h 14 min
− 1 h 27 min	− 1 h 36 min	− 2 h 17 min	− 2 h 24 min
....	....	....	....

7 Complète.

$\frac{1}{4}$ h = ... min

$\frac{1}{2}$ h = ... min

$\frac{3}{4}$ h = ... min

8 Exprime, comme dans l'exemple, par une fraction de l'heure les durées.

30 min = $\frac{1}{2}$ h 40 min = $\frac{\dots\dots}{\dots\dots}$ h

45 min = $\frac{\dots\dots}{\dots\dots}$ h 12 min = $\frac{\dots\dots}{\dots\dots}$ h

20 min = $\frac{\dots\dots}{\dots\dots}$ h 5 min = $\frac{\dots\dots}{\dots\dots}$ h

9 Aurélien a couru pendant 18 min 11 s ; Natacha a couru pendant 1 095 s. Qui a couru le plus longtemps ?

....

Je cherche

1 Un employé commence sa journée à 8 h 45 min et la termine à 17 h 15 min ; il a une pause de 1 h 30 min le midi. Il est payé 13 € de l'heure. Combien gagne-t-il en une journée ?

....

2 Un automobiliste part de Paris à 9 h 30 min. Il s'arrête $\frac{3}{4}$ h pour déjeuner. Il arrive à 15 h à Lyon. Quelle est la durée totale du voyage ?

....

3 La consommation d'électricité d'une lampe de 100 watts qui reste allumée pendant 10 h est facturée 0,10 €. Calcule le prix facturé pour la consommation d'électricité de 100 lampes de 50 watts pendant 20 h.

....

4 Un lièvre court 35 fois plus vite qu'une tortue qui met 2 h 20 min du départ de la course à l'arrivée. Les deux compères arrivent pile à égalité. Combien de temps le lièvre a-t-il attendu avant de s'élancer ?

....

5 Calcule le nombre de jours écoulés dans une année ordinaire :

a) du 1er janvier au 31 mars.

....

b) du 1er mars au 14 juillet.

....

6 Quelle est la date du 100e jour :

a) d'une année ordinaire ?

....

b) d'une année bissextile ?

....

11 Fractions

Je m'entraîne

1 Pour chaque dessin, écris la fraction représentée par la partie coloriée.

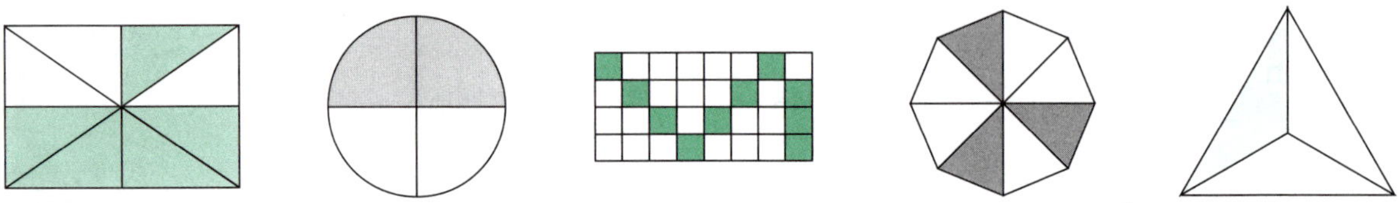

$\frac{\dots\dots}{\dots\dots}$ $\frac{\dots\dots}{\dots\dots}$ $\frac{\dots\dots}{\dots\dots}$ $\frac{\dots\dots}{\dots\dots}$ $\frac{\dots\dots}{\dots\dots}$

2 Colorie le nombre de cases correspondant à la fraction indiquée.

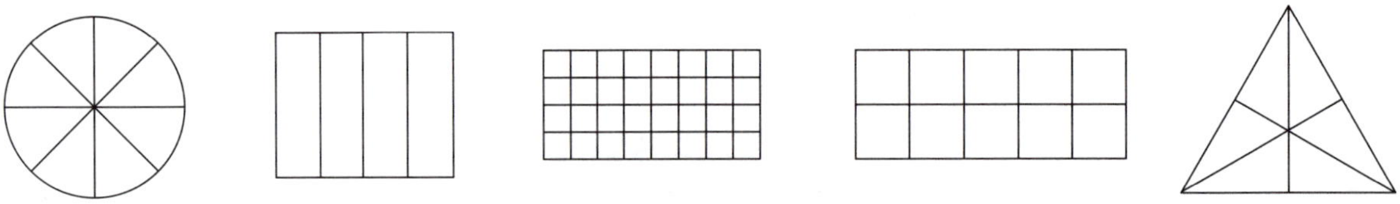

$\frac{3}{8}$ $\frac{2}{4}$ $\frac{8}{32}$ $\frac{8}{10}$ $\frac{6}{6}$

3 Observe l'exemple puis désigne de même les points à l'aide d'une fraction.

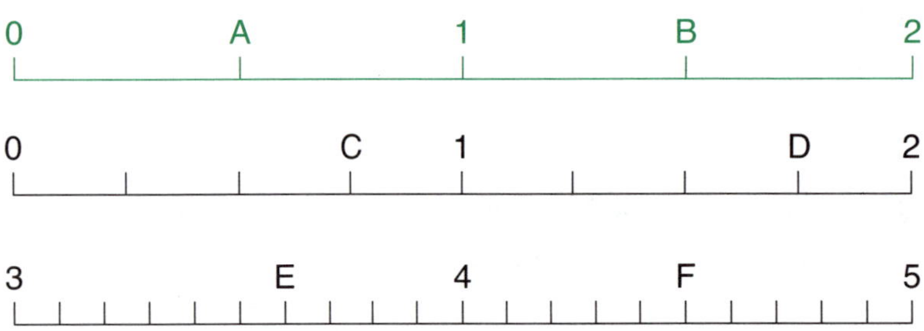

A : $\frac{1}{2}$ ***B*** : $\frac{3}{2}$

C : $\frac{\dots\dots}{\dots\dots}$ *D* : $\frac{\dots\dots}{\dots\dots}$

E : $\frac{\dots\dots}{\dots\dots}$ *F* : $\frac{\dots\dots}{\dots\dots}$

4 Range les fractions dans l'ordre croissant.

$\frac{12}{4}$ $\frac{2}{4}$ $\frac{1}{4}$ $\frac{6}{4}$ $\frac{9}{4}$ $\frac{5}{4}$ ....

$\frac{2}{10}$ $\frac{4}{10}$ $\frac{8}{10}$ $\frac{5}{10}$ $\frac{1}{10}$ $\frac{3}{10}$ ....

5 Complète.

une demi-heure = ... min

trois quarts d'heure = ... min

une heure et demie = ... min

deux heures trois quarts = ... min

6 Simplifie les fractions comme dans l'exemple.

$$\frac{8}{6} = \frac{4 \times 2}{3 \times 2} = \frac{4}{3}$$

$\frac{6}{10}$ = ...

$\frac{8}{4}$ = ...

$\frac{12}{3}$ = ...

$\frac{6}{8}$ = ...

7 Complète avec le signe qui convient : <, >, ou =.

$\frac{1}{2}$ .... $\frac{2}{2}$

$\frac{3}{5}$ .... $\frac{4}{5}$

$\frac{6}{5}$ .... $\frac{2}{5}$

$\frac{1}{3}$ .... $\frac{3}{3}$

$\frac{8}{6}$ .... $\frac{4}{3}$

Je cherche

1 **a)** Sur la droite ci-dessous, trace un segment *AB* de 5 cm de longueur.

b) Place le point *C* de telle sorte que le segment *AC* représente les $\frac{4}{5}$ du segment *AB*

et le point *D* de telle sorte que le segment *AD* représente les $\frac{8}{5}$ du segment *AB*.

2 Observe le disque et indique à quelle fraction du disque correspond chaque secteur.

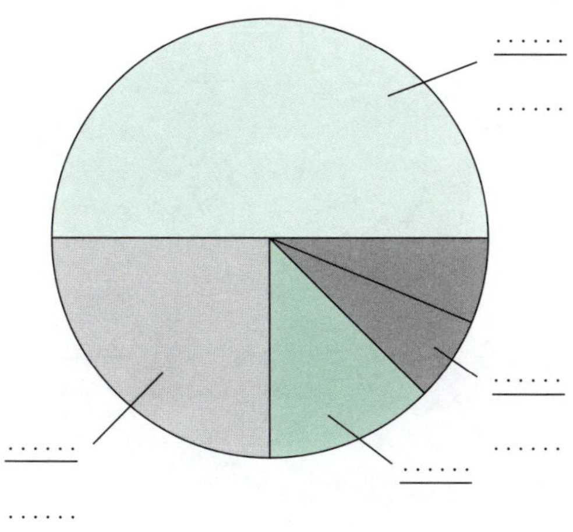

3 Alicia, Cassandre, Charlène et Elsa se partagent un gâteau.

Charlène en prend $\frac{1}{6}$, Elsa $\frac{1}{3}$ et Alicia $\frac{1}{4}$.

a) Représente la part de chaque fillette.

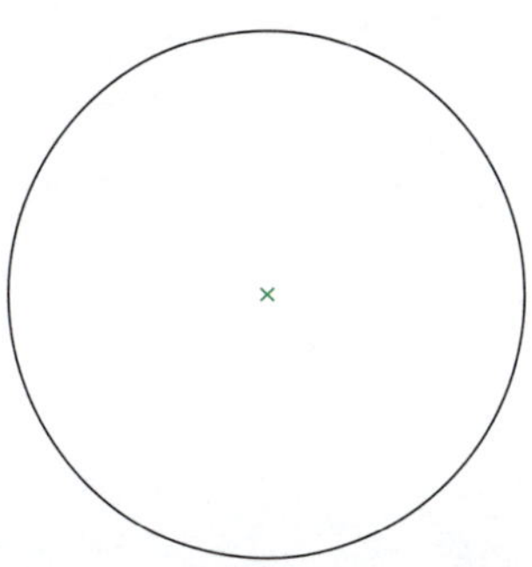

b) Quelle sera la part de Cassandre ?

....

12 Cercles

Je m'entraîne

1 Voici un cercle de centre O.

Mesure son rayon : .... cm.
Trace un cercle de rayon double.
Note I son centre.

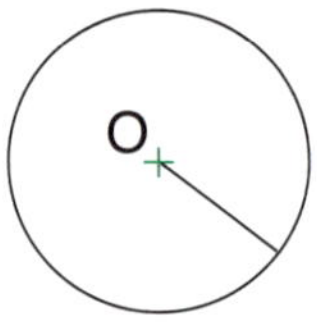

---

2 Voici un cercle de centre O.
A et B sont deux points de ce cercle.

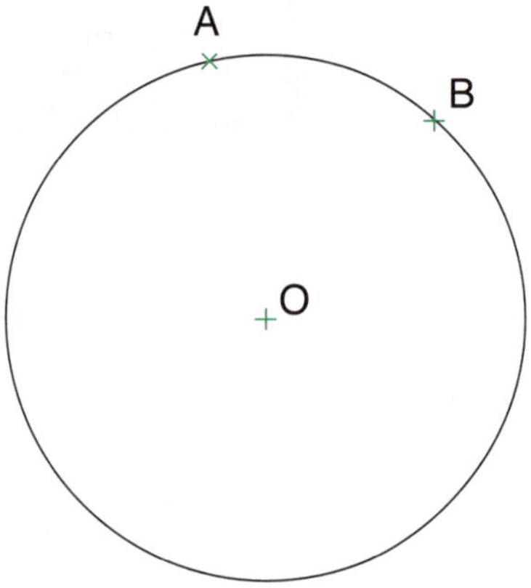

a) Trace le segment AO. Comment s'appelle-t-il ?

....

Quelle est sa longueur ? .... cm.

b) Trace le segment AB. Comment s'appelle-t-il ?

....

c) Place le point C sur le cercle pour que O soit le milieu du segment AC. Comment s'appelle le segment AC ?

....

Sans le mesurer, indique sa longueur : .... cm.

---

3 Trace un cercle dont un diamètre mesure 6 cm puis trace deux autres diamètres de ce cercle.

Que remarques-tu ? ....

....

4 **a)** Trace le cercle de centre A et qui passe par B.

Quel est son rayon ? ....

b) Trace le cercle de centre B et qui passe par A.

Quel est son rayon ? ....

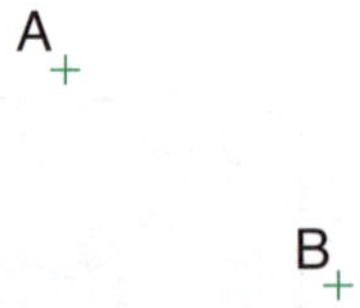

Je cherche

1 Voici un cercle de centre *O* et un diamètre *AB* de ce cercle.

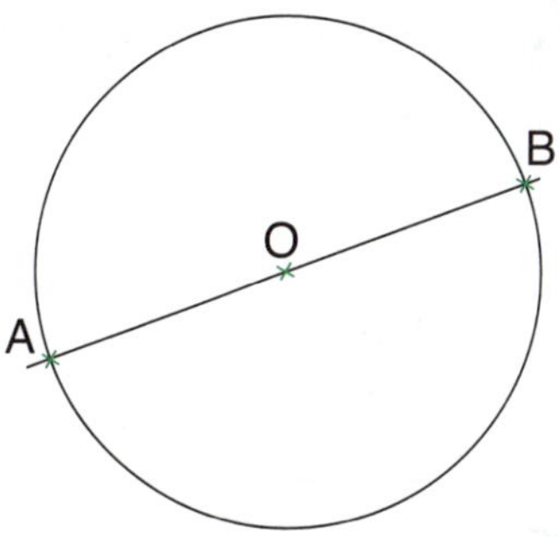

a) Repasse en rouge un demi-cercle.

b) Trace un diamètre *CD* perpendiculaire au diamètre *AB*.

c) Repasse en vert un quart de cercle.

d) À l'aide de ta règle, joins les points *A*, *C*, *B* et *D*.
Qu'obtiens-tu ?

....

2 **a)** Trace un segment *AB* de 5 cm de longueur.

b) Trace un cercle de centre *A* puis un cercle de centre *B* de façon que les 2 cercles se coupent en un seul point. Que peux-tu dire des rayons de ces cercles ?

....

3 Reproduis la figure en utilisant ta règle, ton équerre et ton compas.

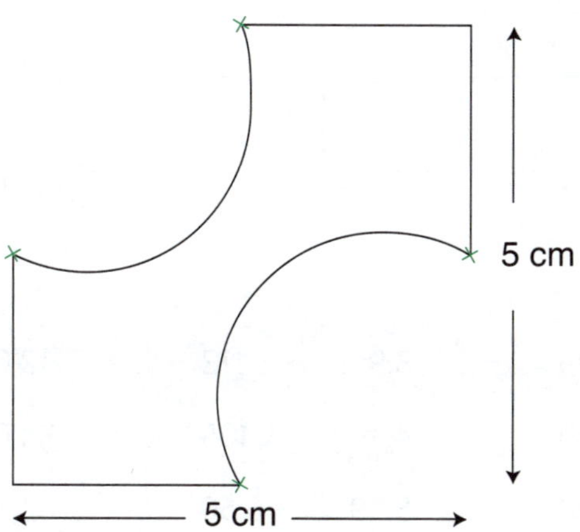

13

Nombres décimaux

Je m'entraîne

1 Observe l'exemple et décompose de même.

$\frac{356}{10} = \frac{350}{10} + \frac{6}{10} = 35 + \frac{6}{10} = 35{,}6$

$\frac{425}{100} =$ ....

$\frac{3276}{1\,000} =$ ....

$\frac{3428}{100} =$ ....

2 Observe l'exemple et écris de même.

$2 + \frac{4}{10} + \frac{5}{100} = 2{,}45$

$13 + \frac{5}{10} + \frac{8}{100} =$ ....

$14 + \frac{26}{100} =$ ....

$5 + \frac{9}{100} =$ ....

3 Observe l'exemple et complète.

	milliers 1 000	centaines 100	dizaines 10	unités 1	dixièmes $\frac{1}{10}$	centièmes $\frac{1}{100}$	millièmes $\frac{1}{1\,000}$	
234,1 →		2	3	4 ,	1			→ $234 + \frac{1}{10}$
45,28 →	....	....	....	....	....	....	....	→ ....
....	....	....	....	....	....	....	....	→ $16 + \frac{5}{100}$
....	1	0	0	0 ,	0	1		→ ....
....	....	....	....	....	....	....	....	→ $12 + \frac{25}{1000}$

4 Complète avec le signe qui convient : <, > ou =.

4,8 4,80	6,04 640	3,99 3,9	12 12,0
74 740	5,3 5,30	4,19 4,1	3,405 34,05
085 85	75,08 7,508	5,100 5,99	6,50 6,5

5 Observe l'exemple et encadre les nombres décimaux par deux nombres entiers consécutifs.

4 < 4,58 < 5 .... < 7,09 < .... < 3,97 < ....

.... < 0,8 < .... < 4,85 < .... < 89,9 < ....

6 Range les nombres suivants du plus petit au plus grand.

4,71 4,6 5,1 4,7 6 4 4,609 4,9 4,50

....

7 Observe l'exemple et encadre, de la même façon, chaque nombre décimal par deux nombres décimaux ayant un chiffre après la virgule.

5,3 < 5,38 < 5,4 .... < 6,23 < .... < 5,315 < ....

.... < 12,18 < .... < 17,92 < .... < 6,407 < ....

Je cherche

Le tableau suivant donne le nombre d'actifs dans différentes activités professionnelles en France de 1990 à 2000.

Activités professionnelles	Nombres d'actifs en millions	
	1990	2000
Agriculteurs exploitants	1,185	0,653
Artisans, commerçants et chefs d'entreprise	1,856	1,547
Cadres et professions intellectuelles supérieures	2,483	3,337
Professions intermédiaires	4,384	5,103
Employés	6,085	7,014
Ouvriers	6,376	6,530
Total	22,372	24,187

Quelles sont les activités professionnelles dans lesquelles :

- le nombre d'actifs a diminué entre 1990 et 2000 ?

....

- le nombre d'actifs a augmenté durant la même période ?

....

Figures planes

Je m'entraîne

1 Observe les polygones suivants puis complète le tableau.

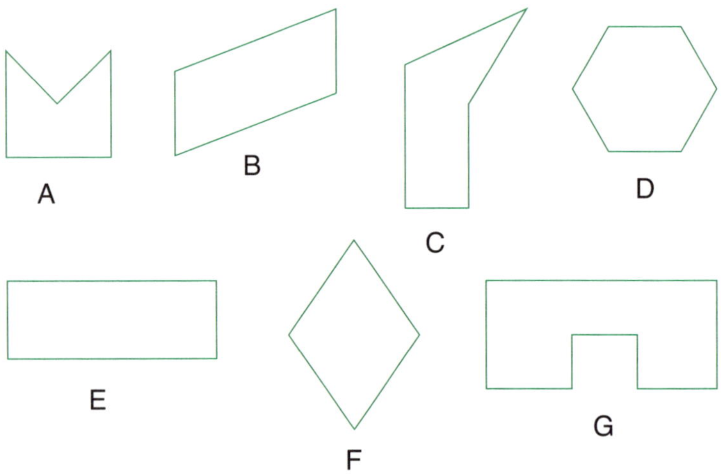

Polygones	*A*	*B*	*C*	*D*	*E*	*F*	*G*
Convexes	non	....	....	....	....	....	....

2 Voici un trapèze rectangle.

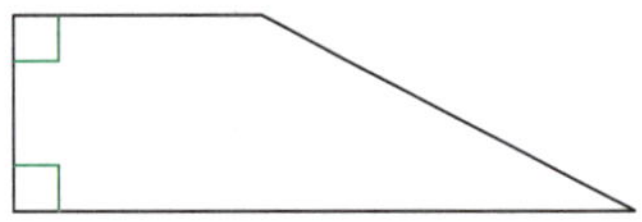

Construis un trapèze rectangle dont les deux côtés parallèles mesurent respectivement 3 cm et 5 cm.

3 En t'aidant du cercle ci-dessous et en utilisant un compas et une règle, construis un hexagone régulier.

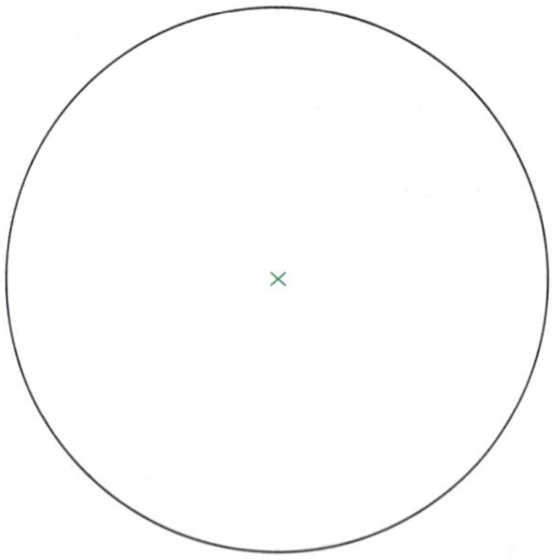

Mesure la longueur de chacun de ses côtés. Que remarques-tu ? ....

....

Je cherche

1 Voici un parallélogramme *ABCD* et deux triangles construits à l'extérieur de ce parallélogramme. Représente de même les deux autres triangles *DCG* et *BCH*.

Quelle est la nature :

- du triangle *FEC* ?

  ....

- du triangle *GHA* ?

  ....

- du quadrilatère *EFGH* ?

  ....

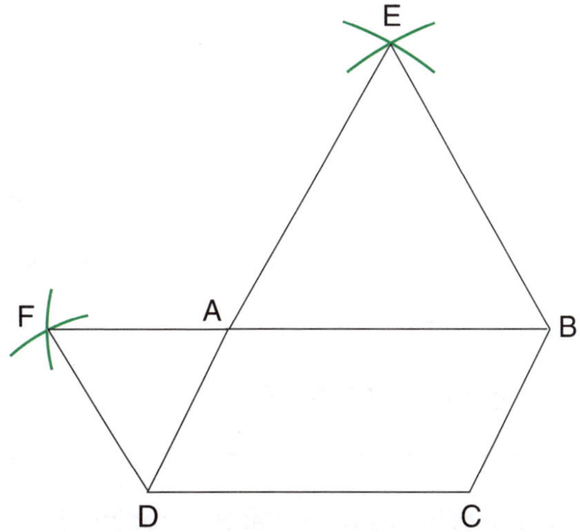

---

2 Sur une feuille à part, termine la construction suivante en utilisant une équerre et un compas.

- Trace un cercle (𝒞) de centre *O* et de rayon 3 cm.
- Trace deux diamètres perpendiculaires *AB* et *CD*.
- Trace un arc de cercle de centre *D*, de rayon 3 cm et qui coupe le cercle (𝒞) en deux points : *E* et *F*.
- Trace le segment *EF*. Il coupe le diamètre *CD* en *G*.
- Trace un arc de cercle de centre *G*, de rayon *GA* et qui coupe le segment *CD* en un point *H*.
- Trace un arc de cercle de centre *A*, de rayon *AH* et qui coupe le cercle (𝒞) en deux points : *I* et *L*.
- Trace les points *J* et *K* sur le cercle (𝒞) tels que *AI* = *IJ* = *JK* = *KL* = *AL*.

Mesure le côté *AI* : ....

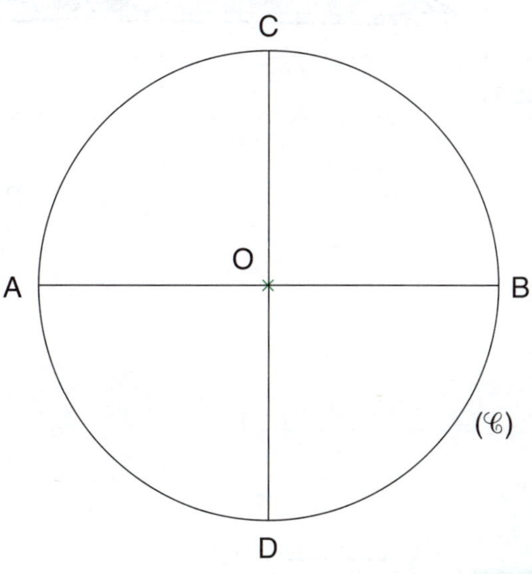

15 Longueurs et périmètres

Je m'entraîne

1 En utilisant une règle graduée, mesure la longueur de chaque segment et inscris-la au-dessous.

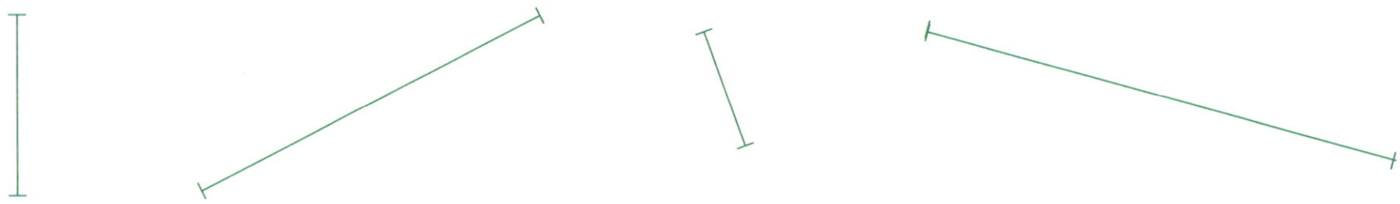

....

2 Sur la ligne suivante, place cinq points *A*, *B*, *C*, *D*, *E* tels que :

- la longueur du segment *AB* est 8 cm,
- la longueur du segment *AE* est 6 cm,
- la longueur du segment *EC* est 3 cm,
- la longueur du segment *BD* est 2 cm.

Y a-t-il plusieurs possibilités pour placer les points ? ....

3 Voici un quadrilatère *ABCD*.
En t'aidant d'une règle graduée, mesure le périmètre du quadrilatère *ABCD*.

....

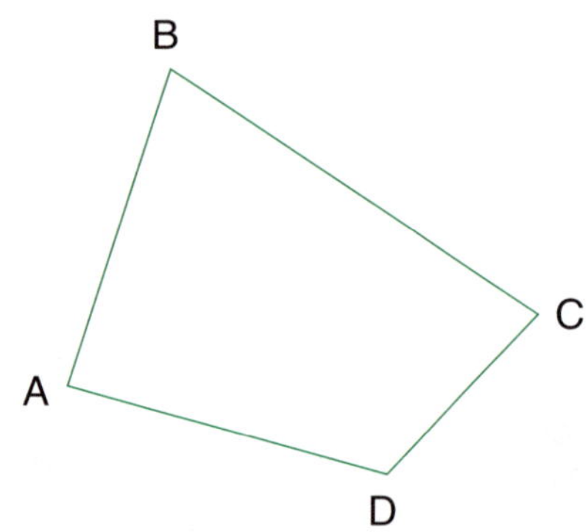

4 Calcule puis écris les périmètres sous chacun des polygones.

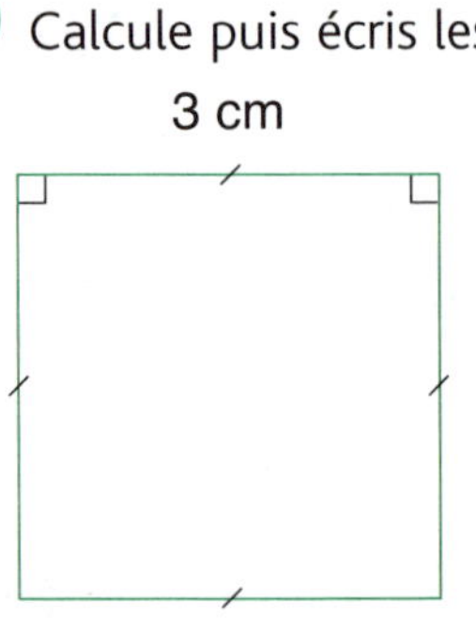

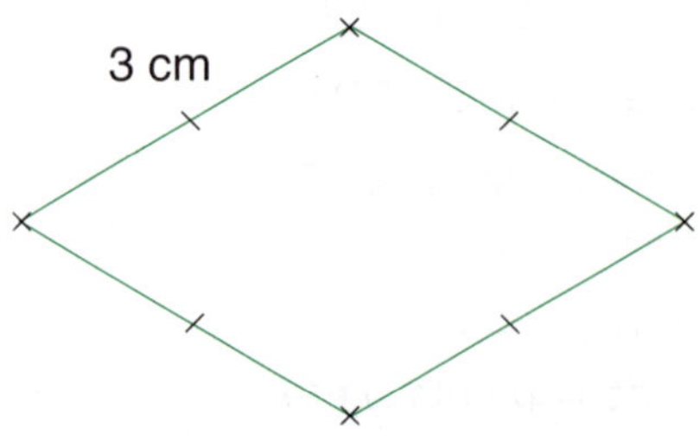

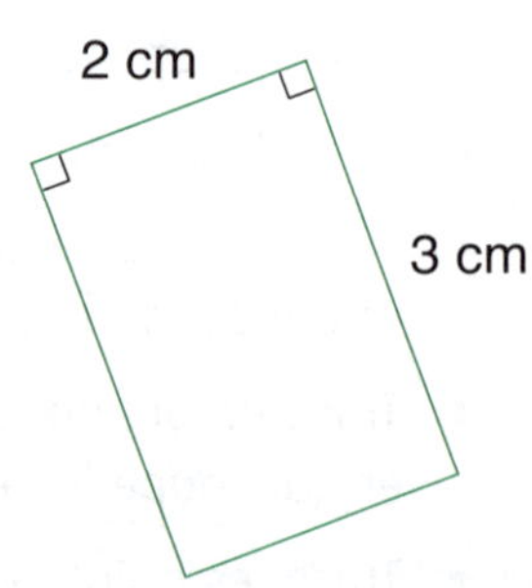

....

Que constates-tu ? ....

5 Complète les tableaux suivants.

côté du carré (en cm)	2	3	4	5	....	....
périmètre du carré (en cm)	....	....	....	....	24	36

largeur du rectangle (en cm)	2	1	....
longueur du rectangle (en cm)	....	4	7
périmètre du rectangle (en cm)	10	....	24

6 On doit entourer une pièce rectangulaire de 6 m sur 4 m d'une baguette en bois coûtant 4 € le mètre. Calcule le montant de la dépense.

....

Je cherche

1 Quatre enfants comparent leurs tailles. Hélène est beaucoup plus grande que François, mais plus petite que Marie. Vincent dépasse Marie de quelques centimètres.

a) Quel est le plus grand des quatre enfants ? ....

b) Quel est le plus petit des quatre enfants ? ....

2 Un escargot, tombé dans un puits de 5 m de profondeur, remonte de 3 m pendant le jour mais redescend de 2 m pendant la nuit.
Combien de temps lui faudra-t-il pour atteindre le haut du puits ? *(Aide-toi du dessin.)*

....

....

....

3 Un rectangle a un périmètre de 60 m. Sa largeur ℓ a 12 m de moins que sa longueur. Complète le schéma et calcule ses dimensions.

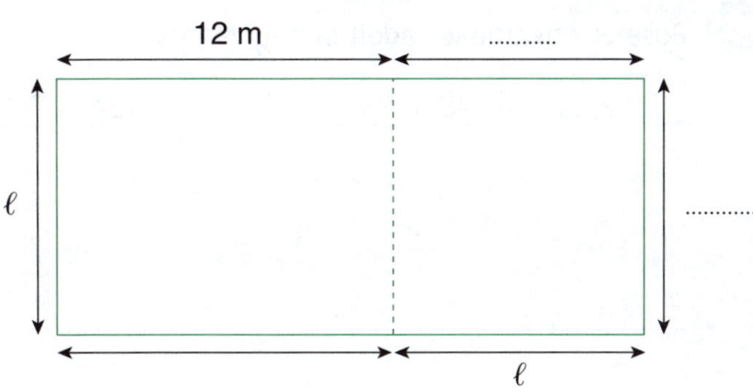

....

....

16 Additionner et soustraire des nombres décimaux

Je m'entraîne

1 Effectue les opérations suivantes sans les poser.

4,5 + 6,3 = ...	1,14 + 12,21 = ...	6,5 + ... = 10
11,2 + 6,5 = ...	3,28 + 4,11 = ...	4,2 + ... = 5
13,7 + 4,3 = ...	4,75 + 12,25 = ...	89,3 + ... = 100

2 Monsieur Victor paie un achat avec un billet de 100 €.
Indique chaque fois la monnaie rendue si l'achat est de :

- 78 € : ....
- 79,75 € : ....
- 94,50 € : ....
- 20,50 € : ....

3 Complète les opérations en écrivant les chiffres qui manquent.

3 . 4, . 7	2 8, . .	4 . 7, 8	. ., . .
+ 5 ., 2 .	+ 1 4 ., 7 5	− . 3 ., .	− 2 6, 4 5
. 1 5, 5 3	. . 7, 4 9	1 0 8, 5	3 2, 1 7

4 Observe l'exemple : **7,5 = 5,1 + 2,4**.
Écris de même les nombres décimaux sous forme d'une somme de deux décimaux.

56,8 = ...

0,1 = ...

5,275 = ...

5 Observe l'exemple : **3,2 = 3,5 − 0,3**.
Écris de même les nombres décimaux sous forme d'une différence de deux décimaux.

39,5 = ...

16,225 = ...

59,70 = ...

6 Pose et effectue les additions suivantes.

12,25 + 6,148 + 23	134,126 + 62,45	103,10 + 45,1 + 1,732
....		....
+	....	+ ....
+	+	+ ....
....	....	....

7 Pose et effectue les soustractions suivantes.

94,782 − 29,845	2 805 − 187,2	621,07 − 83,327
....	....	....
−	−	− ....
....	....	....

Je cherche

1 Trouve le troisième nombre qui, ajouté aux deux autres, donne 100.

34,8 — 26,2 — .... → 100

25,4 — 43,5 — .... → 100

60,25 — 31,50 — .... → 100

2 Madame Cassandre achète un manteau et une robe. Elle paie 167,70 €.
Madame Alicia achète deux manteaux et une robe. Elle paie 269,90 €.

a) Quel est le prix d'un manteau ?

....

b) Quel est le prix d'une robe ?

....

3 Je pense à un nombre, je lui ajoute 2,5 puis je le multiplie par 4. J'obtiens 24.
Quel est ce nombre ?

....

4 **a)** Voici le nombre de kilomètres relevés sur le compteur de la moto de Jean-Yves.

Départ						
0	7	5	1	2	5,	7

Arrivée						
0	7	5	2	6	2,	1

Quelle distance a-t-il parcourue ?

....

b) Jean-Yves doit amener sa moto en révision à 80 000 km.
Quelle distance peut-il encore parcourir avant de devoir déposer sa moto au garage ?

....

Aires et surfaces

Je m'entraîne

1 Complète.

512 cm² = ... dm² 9 193 m² = ... dam² 8,3 m² = ... dm²

58 cm² = ... mm² 4,315 m² = ... cm² 4,5 m² = ... dam²

2 Calcule, en cm², l'aire des figures suivantes.

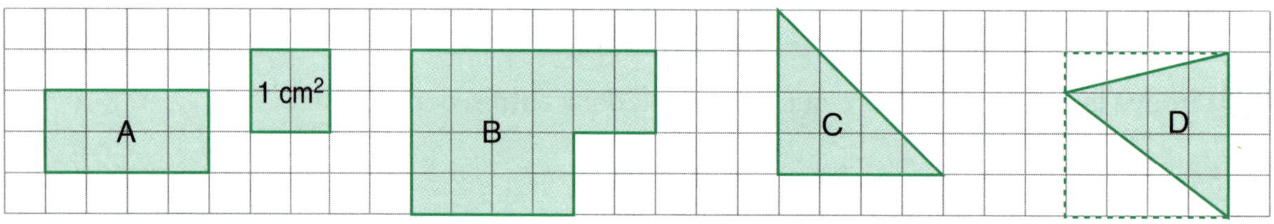

aire de *A* : .... cm² aire de *B* : .... cm² aire de *C* : .... cm² aire de *D* : .... cm²

3 Calcule les aires de ces figures après avoir mesuré les dimensions dont tu as besoin.

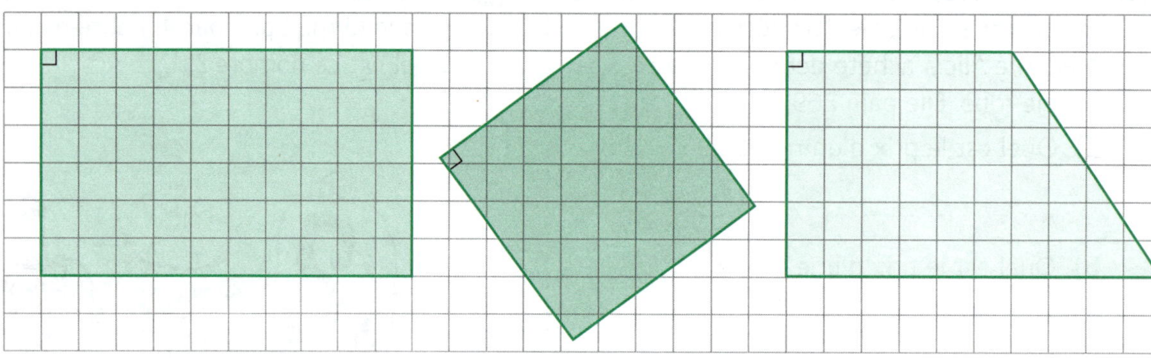

.... = ... cm² .... = ... cm² .... = ... cm²

4 Calcule le périmètre et l'aire des figures suivantes en utilisant les unités indiquées.

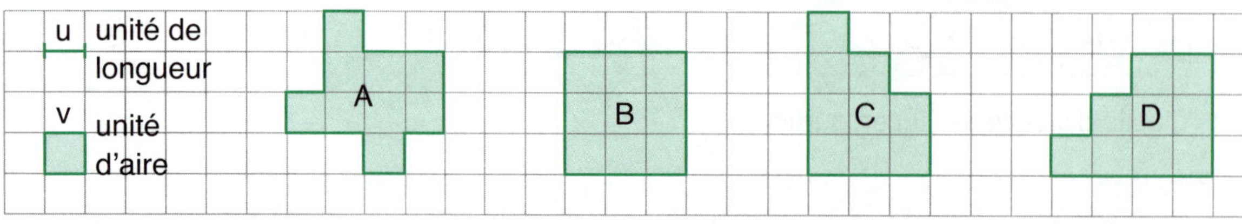

aire : .... *v* aire : .... *v* aire : .... *v* aire : .... *v*

périmètre : .... *u* périmètre : .... *u* périmètre : .... *u* périmètre : .... *u*

Je cherche

1 Observe la figure ci-contre.

a) Calcule les longueurs *x*, *y*, *z*.

$x =$ ....

$y =$ ....

$z =$ ....

b) Cherche l'aire de la surface colorée.

....

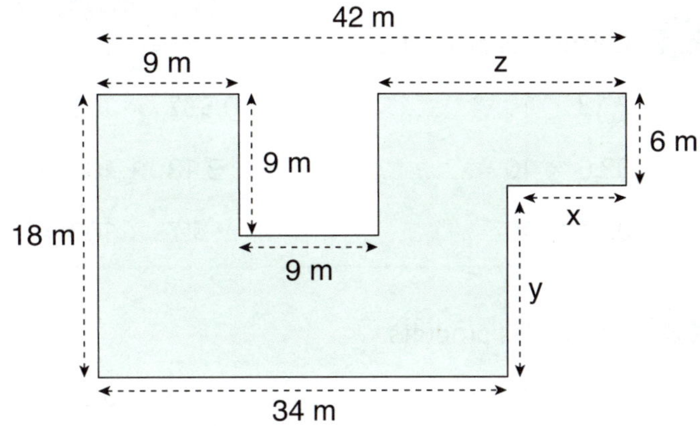

2 Construis deux rectangles différents ayant chacun une aire de 24 cm².

rectangle 1 rectangle 2

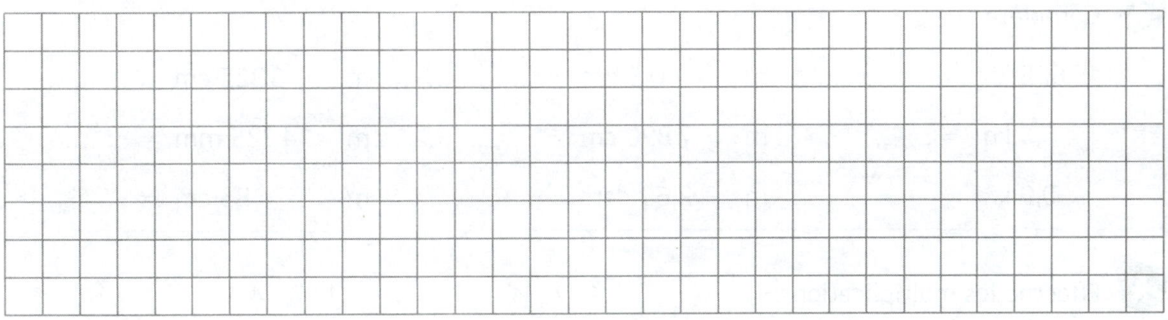

longueur : .... cm largeur : .... cm

périmètre : .... cm

longueur : .... cm largeur : .... cm

périmètre : .... cm

3 **a)** Reproduis le quadrilatère *ABCD* sur la figure de droite.

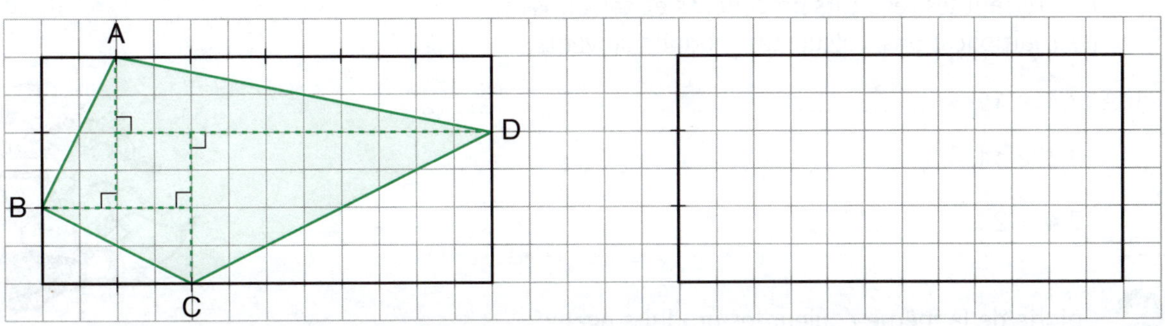

b) En t'aidant du découpage proposé en pointillé, calcule l'aire du quadrilatère *ABCD*.

....

18
Produit d'un nombre décimal par un nombre entier

Je m'entraîne

1 Calcule les produits.

2,18 × 10 = ...	0,537 × 100 = ...	5,327 × 1000 = ...
32,6 × 10 = ...	3,18 × 100 = ...	3,126 × 1000 = ...
0,09 × 10 = ...	1,7 × 100 = ...	7,36 × 1000 = ...

2 Calcule les produits.

13 × 0,1 = ...	512 × 0,01 = ...	3427 × 0,001 = ...
528 × 0,1 = ...	96 × 0,01 = ...	5000 × 0,001 = ...
8 × 0,1 = ...	35 × 0,01 = ...	316 × 0,001 = ...

3 Complète.

45,625 km = ... m	0,5 hm = ... m	6325 cm = ... m
6,5 km = ... m	7890 cm = ... m	14225 mm = ... m
0,9 km = ... m	2,69 dam = ... m	85 cm = ... m

4 Effectue les multiplications.

```
  1 7, 4      1 7, 4      1 7, 4
×      3    ×      8    ×    1 2
--------    --------    --------
............ ............ ................
                          ................
                          ----------------
                          ................
```

En utilisant les résultats précédents et sans poser les multiplications, calcule les produits suivants.

17,4 × 15 = ...

17,4 × 11 = ...

17,4 × 23 = ...

5 Colorie de la même couleur les produits égaux.

6 Trouve une valeur approchée des produits suivants puis effectue les calculs.

	$2{,}57 \times 9{,}9$	$8{,}09 \times 51$	$6{,}02 \times 15$
Valeur approchée :	....	....	....
	Opération	**Opération**	**Opération**

Je cherche

1 La voiture de Philippe consomme 9 L d'essence aux 100 km.
Il parcourt une distance de 540 km.
Quelle quantité d'essence sa voiture a-t-elle consommée ?

....

2 Charlène se rend aux États-Unis pour les vacances. Elle souhaite emporter 120 dollars.
Combien d'euros doit-elle échanger sachant qu'un dollar vaut environ 1,25 € ?

....

3 Complète les tickets de caisse ci-dessous.

MAGASIN BAPRI

04.03.2004 12.10

****

FRAISES
0,450 kg à 3 € le kg ....

STEAK
0,260 kg à 12 € le kg ....

TOTAL ....

MERCI DE VOTRE VISITE

MAGASIN PACHER

24.02.2004 16.40

****

EAU MINÉRALE
3 litres à 0,90 € le litre ....

SUCRE
5 kg à 1,10 € le kg ....

TOTAL ....

À BIENTÔT

4 Quel est le prix d'un kilo de café qui coûte 3,30 € les 250 g ?

....

19 Organiser et représenter des données numériques

Je m'entraîne

1 Complète les tableaux.

23	12	......	......	......
......	......	45	57	916

+ 8 ; ......

15	.....	.....	.....	54
.....	.....	.....	45	48
.....	80	62	36	.....

..... ; ..... ; ..... ; + ... ; + ... ; .....

2 Complète les tableaux.

9	......	......	80	......
......	32	44	......	420

x 4 ; .....

2	......	......	......	......
6	......	3	......	24
30	60	......	90	......

x ..... ; x ..... ; ...... ; ...... ; ...... ; ......

3 Quand on met une pièce de 1 € dans le changeur de monnaie, il donne 5 pièces de 20 centimes.

a) Combien aura-t-on de pièces de 20 centimes si on met :

- 2 pièces de 1 € ? ....
- 5 pièces de 1 € ? ....

b) Combien a-t-on mis de pièces de 1 € si on a reçu :

- 15 pièces de 20 centimes ? ....
- 50 pièces de 20 centimes ? ....

4 Complète les chaînes.

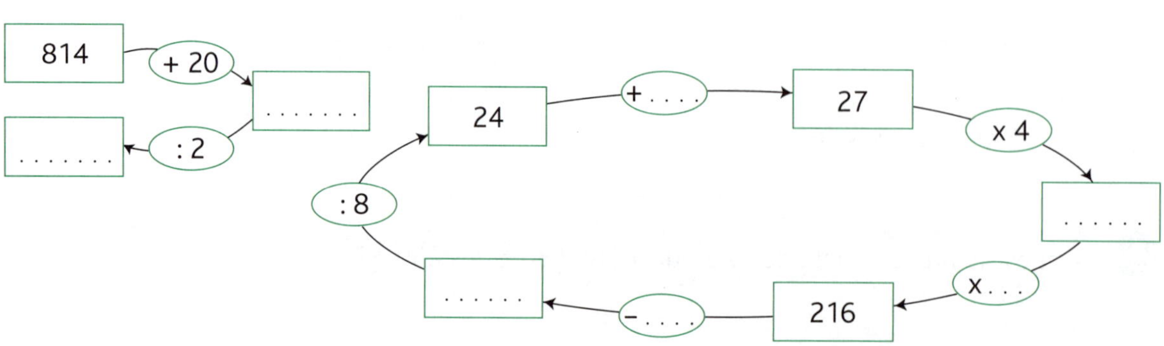

5 En 2004, Alicia a eu 7 ans, Cassandre 4 ans, Charlène 15 ans et Elsa 13 ans.
Quel âge auront Alicia, Cassandre et Charlène quand Elsa aura 30 ans ?

....

Je cherche

1 Je pense à un nombre. J'ajoute 10.
Je retranche 2. J'ajoute 20. Je retranche 2.
Je multiplie par 3 et je trouve 90.
Quel est ce nombre ?

....

2 Une société de vente par correspondance accorde une réduction sur les prix inscrits dans le catalogue :
– 1 € pour les articles marqués de 10 à 19 € ;
– 2 € pour les articles marqués de 20 à 29 € ;
– 3 € pour les articles marqués de 30 à 60 €.

a) Complète le tableau.

	chemise	jupe	gilet	pantalon	veste	corsage
prix du catalogue	19 €	24 €	12 €	....	....	8 €
prix après réduction	....	....	....	25 €	48 €	....

Les frais d'expédition sont calculés de la façon suivante :
– pour une commande de moins de 20 € : 2 € de frais ;
– pour une commande comprise entre 20 et 49 € : 1 € de frais ;
– pour une commande de plus de 50 € : livraison gratuite.

b) Complète les bons de commande suivants.

commande A	
1 chemise	.......€
1 jupe	.......€
frais d'expédition	.......€
Total	.......€

commande B	
1 corsage	.......€
1 gilet	.......€
frais d'expédition	.......€
Total	.......€

commande C	
1 veste	.......€
1 pantalon	.......€
frais d'expédition	.......€
Total	.......€

20 Quadrilatères particuliers

Je m'entraîne

1 Voici cinq quadrilatères.

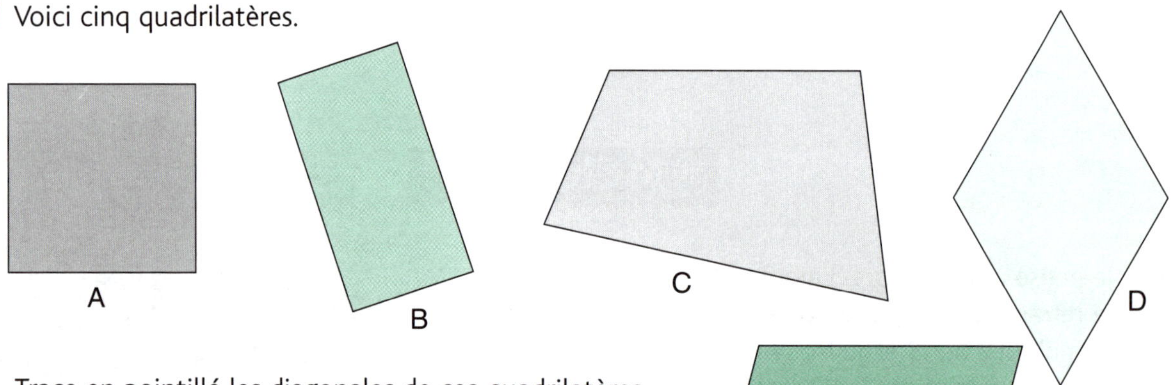

Trace en pointillé les diagonales de ces quadrilatères.

Quel est l'intrus ? ....

Pourquoi ? ....

....

---

2 En utilisant une règle et une équerre, construis un rectangle *ABCD* de largeur 2 cm et dont le segment *AB* est l'un des côtés.

Indique les différentes étapes de ta construction.

....

....

....

....

---

3 En utilisant une règle, une équerre et un compas, finis de tracer le carré *ABCD*.

Indique les différentes étapes de ta construction.

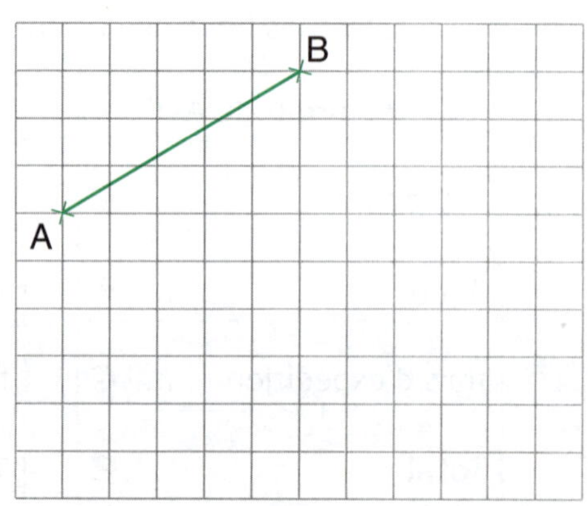

....

....

....

....

....

4 **a)** Trace un rectangle dont les sommets sont des points marqués sur le quadrillage.

b) En utilisant quatre autres points, trace un losange.

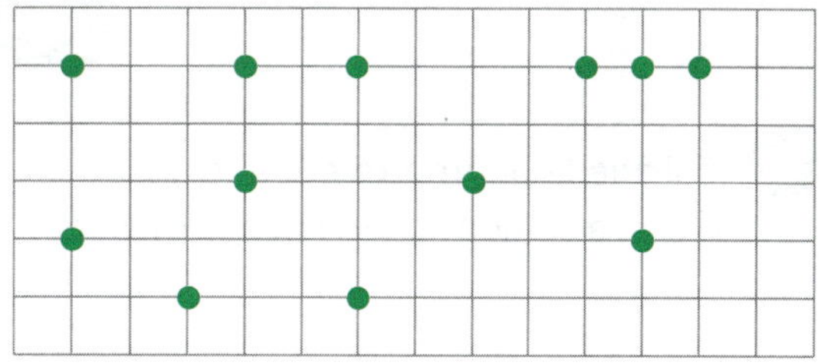

Je cherche

1 Observe la figure ci-dessous. Que dirais-tu à un camarade pour qu'il puisse reproduire cette figure sans la voir ?

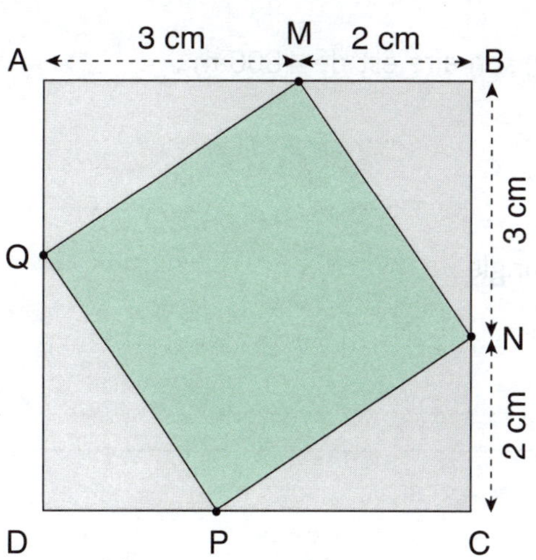

2 Lou a commencé la construction d'un carré *ABCD*. Termine le carré en utilisant tes instruments : règle, équerre, compas.
Explique ta construction.

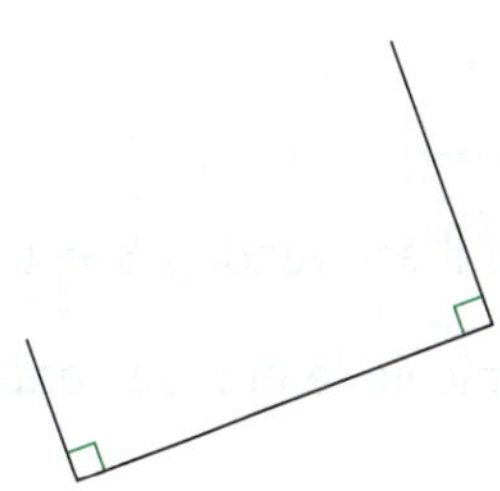

Aires et périmètres

Je m'entraîne

1 Calcule le périmètre et l'aire d'un carré dont chaque côté mesure 16 cm.

périmètre : ....

....

aire : ....

....

2 Calcule le périmètre et l'aire d'un rectangle de 87 cm de longueur et de 36 cm de largeur.

périmètre : ....

....

aire : ....

....

3 Trouve la largeur d'un rectangle dont la longueur mesure 8 m et l'aire 32 m².

....

....

4 Trouve le côté d'un carré dont l'aire mesure 25 m².

....

....

5 **a)** Un terrain rectangulaire a une longueur de 100 m ; son aire est de 4800 m².

Calcule sa largeur. ....

Calcule son périmètre. ....

b) Un terrain carré a le même périmètre que ce rectangle.

Calcule la longueur de son côté. ....

Calcule son aire. ....

6 Voici le schéma d'un terrain :

a) Calcule l'aire de ce terrain.

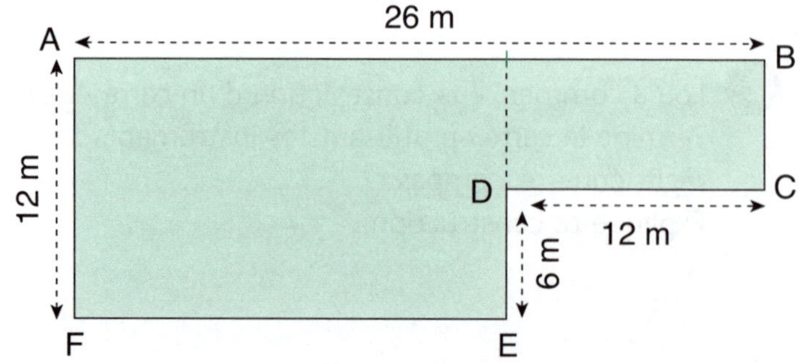

....

....

....

b) Il est vendu 25 € le m².

Calcule le prix de vente de ce terrain.

....

Je cherche

1 Quelle est l'aire de la partie verte ?

Explique ton calcul.

....

....

....

....

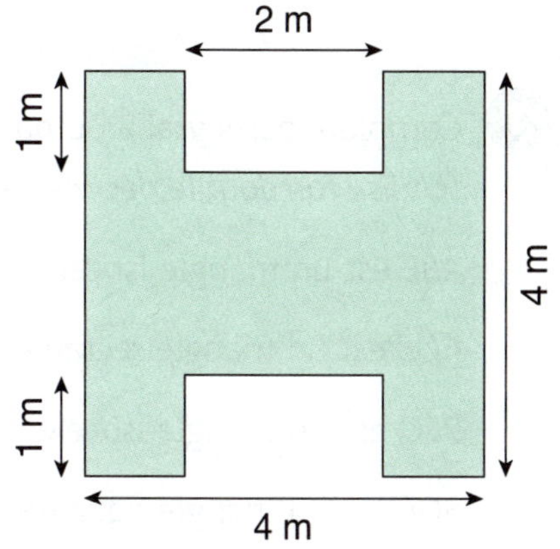

2 En traçant un segment, partage ces rectangles en deux parties ayant la même aire.
Trouve deux solutions différentes.

1

2

3 En traçant un segment, partage chaque carré en deux parties ayant la même aire.
Trouve trois solutions différentes.

1

2

3

4 À l'intérieur d'un rectangle de 15 m sur 7,5 m de large, on a découpé trois carrés ayant tous une aire de 9 m².

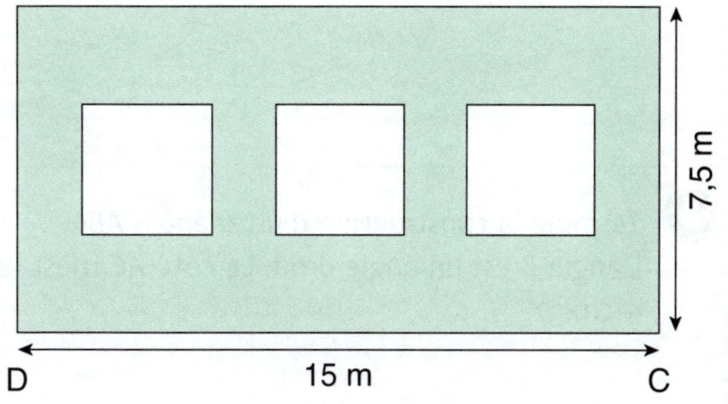

a) Calcule l'aire totale du rectangle *ABCD*.

....

b) Calcule l'aire de la surface verte.

....

c) Calcule le périmètre de chaque carré.

....

Triangles

Je m'entraîne

1 Complète par « vrai » ou par « faux ».
(Utilise ton double décimètre et ton équerre.)

ABE est un triangle isocèle : ....

ADE est un triangle rectangle : ....

BEG est un triangle isocèle : ....

BGF est un triangle équilatéral : ....

BCE est un triangle rectangle : ....

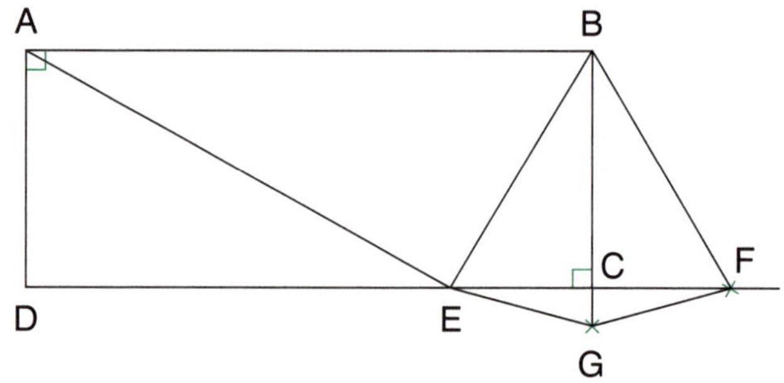

2 **a)** À l'aide de ton compas et de ton double décimètre, construis un triangle *ABC* dont les côtés mesurent 3 cm, 4 cm et 5 cm.

b) Rédige les différentes étapes de ta construction.

....

....

....

....

3 **a)** À l'aide de ton compas et de ton double décimètre, construis un triangle isocèle *ABC* dont les côtés *AC* et *BC* mesurent 4 cm.
b) Rédige les différentes étapes de ta construction.

....

....

....

....

....

4 Termine la construction d'un triangle *ABC*.
L'angle $\widehat{B}$ est un angle droit. Le côté *AC* mesure 4 cm.

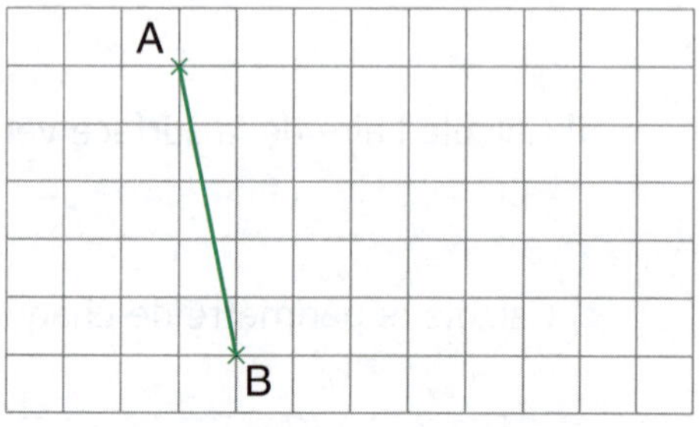

Je cherche

1 a) Calcule l'aire du rectangle *ABCD*.

....

b) Déduis-en l'aire du triangle *ADC*.

....

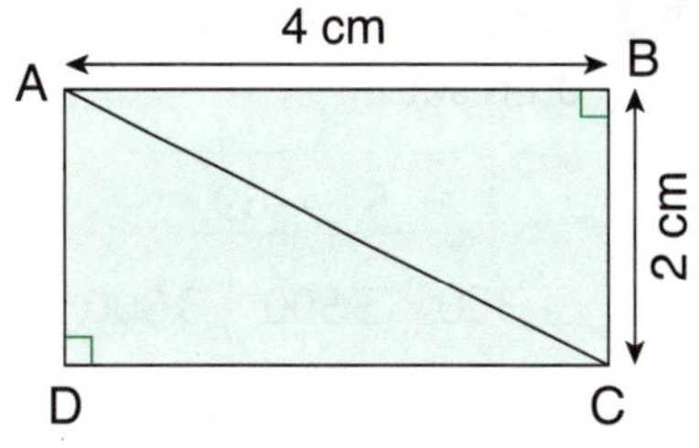

---

2 Dans ce triangle, la hauteur *AH* a été tracée.
Trace les deux autres hauteurs.
Que remarques-tu ?

....

....

....

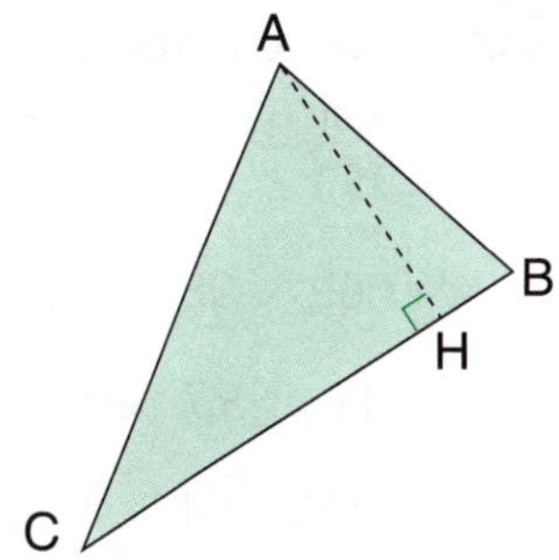

---

3 a) Calcule l'aire du triangle *ABH*.

....

b) Calcule l'aire du triangle *AHC*.

....

c) Calcule l'aire du triangle *ABC*.

....

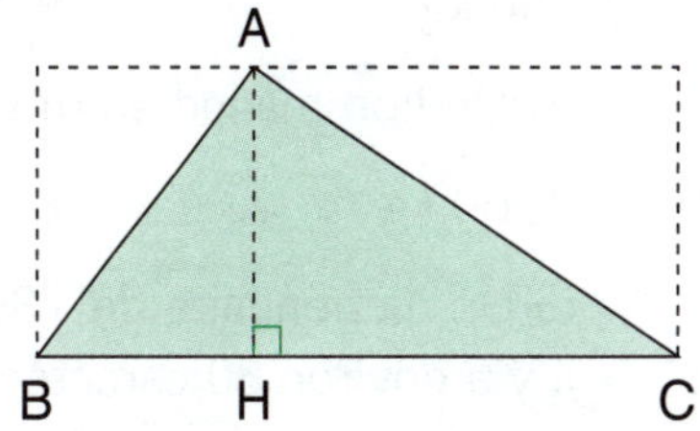

---

4 Observe la figure ci-contre.

a) Quelle est la particularité des triangles *AEB* et *DFC* ?

....

b) Écris un message permettant à un camarade de reproduire la figure sans la voir.

....

....

....

....

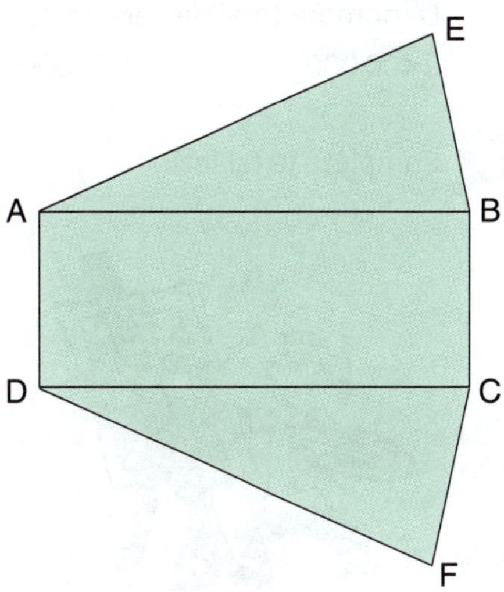

23 Calculs approchés et ordres de grandeur

Je m'entraîne

1 Sans effectuer les calculs, relie chaque opération au nombre qui te semble le plus proche du résultat.

51 × 69	255 × 29	5,9 × 11	39 × 29
350 3 500 3 000	7 500 7 000 8 000	54 60 600	120 12 1 200
5,1 × 69	10 035 − 2 460	3 560 : 6	40 × 0,31

2 Observe l'exemple puis, de la même façon, trouve une valeur approchée du résultat et calcule le résultat en utilisant ta calculette.

351 × 19 est proche de **350 × 20 = 7 000** **résultat : 6 669**

609 × 98 est proche de .... résultat : ....

44,8 × 5,7 est proche de .... résultat : ....

119,6 : 4 est proche de .... résultat : ....

3 Sans effectuer les calculs, entoure la réponse qui te semble la plus proche du résultat.

a) La charge maximale d'un ascenseur pouvant contenir 11 personnes est :

350 kg   925 kg   1 500 t

b) Un lion mange en moyenne de 6 à 8 kg de viande par jour. En un an, il mange environ :

2 500 kg   250 kg   25 000 kg

c) Un dictionnaire de 1 894 pages compte 68 lignes par page. Sur chaque ligne, il y a environ 60 caractères. Le nombre de caractères sur une page est :

4 200   3 600   4 500

Le nombre total de caractères du dictionnaire est :

8 400 000   840 000   84 000

4 Complète le tableau.

opération	valeur approchée du résultat
40,5 × 25	1 000
747 : 9	....
33 ×	1 000
.... × 0,7	22
7 207 : 83	....

Je cherche

Dans chacun des problèmes suivants, indique une valeur approchée de la réponse.
(N'effectue pas les opérations.)

1 Une navette spatiale se dirige à la vitesse de 25 000 km/h vers Pluton qui est distante de la Terre d'environ 5 750 000 000 km.

Quelle est la distance parcourue en une journée ?

Valeur approchée : ....

2 La longueur d'un terrain rectangulaire est de 58,75 m.
Sa largeur mesure les $\frac{2}{3}$ de sa longueur.

a) Quel est le périmètre de ce terrain ?

Valeur approchée : ....

....

b) Quelle est son aire ?

Valeur approchée : ....

....

3 Au musée Grévin, à Paris, on peut voir les statues de cire d'environ 400 personnages célèbres.
Sachant qu'il faut à peu près 3 kg de cire d'abeille pour faire une tête, quelle masse totale de cire cela représente-t-il environ ?

Valeur approchée : ....

....

4 **a)** L'abonnement d'un an à une revue hebdomadaire revient à 57,20 € pour 52 numéros.
Quel est le prix de revient de chaque numéro ?

Valeur approchée : ....

b) Cette revue est vendue 1,80 € par numéro hors abonnement.
Quelle est la somme dépensée en une année pour l'achat de cette revue quand on n'y est pas abonné ?

Valeur approchée : ....

5 La tour Eiffel reçoit en moyenne, quotidiennement, 9 000 visiteurs.
Combien cela représente-t-il de visiteurs dans un mois ?

Valeur approchée : ....

Monnaie et nombres décimaux

Je m'entraîne

1 Écris sous forme d'un nombre décimal les sommes illustrées.

→ ....

→ ....

→ ....

2 Dessine les billets et les pièces qui correspondent aux sommes suivantes.

- 3,50 €
- 12,05 €
- 32,18 €

3 Partage équitablement :

a) 10,40 € entre deux personnes.

....

b) 21,15 € entre trois personnes.

....

4 Mes achats s'élèvent à 12,40 €.
Je paie avec un billet de 20 €.
Combien la caissière va-t-elle me rendre ?

....

....

5 Max veut acheter un CD à 12 €, un livre à 5,40 € et une revue à 3,20 €.
A-t-il assez avec 20 € ?

....

....

Je cherche

1 Une facture d'hôtel indique 3 nuits à 30 € la nuit, 6 petits déjeuners à 5,15 € chacun.
Quel est le montant de la facture ?

....

2 Un restaurant sert en moyenne à midi 23 repas à 12,50 € et 25 repas à 15 €, et autant le soir.
Quelle somme le restaurateur encaisse-t-il pour les repas :

a) par jour ?

....

b) par semaine (sauf le dimanche) ?

....

3 Les enfants ont vendu 40 billets de tombola à 0,80 € pièce.
Combien ont-ils recueilli ?

....

4 Madame Lepic part faire ses courses avec 22 € dans son porte-monnaie.
Elle revient avec 6,50 €.

Combien a-t-elle dépensé ?

....

5 Lola paie 25 € pour un CD et un livre.
Le livre coûte 5 € de moins que le CD.
Calcule le prix de chaque article.

....

....

6 La coopérative de l'école disposait de 1 050 € sur son compte. Complète la facture.

matériel	quantité	prix unitaire	total
raquettes de badminton	20	8 €	....
volants de badminton	100	0,40 €	....
ballons de basket	9	7,50 €	....
raquettes de tennis	9	4,40 €	....
Montant total de la facture			....

Combien reste-t-il sur le compte de la coopérative ? ....

25

Relations entre les nombres

Je m'entraîne

1 Complète les phrases. Déduis-en les résultats des opérations.

Le double de 5 est	$2 \times 0,5 =$ ....
Le double de 15 est	$2 \times 1,5 =$ ....
Le double de 25 est	$2 \times 2,5 =$ ....
Le triple de 5 est	$3 \times 0,5 =$ ....
Le triple de 15 est	$3 \times 1,5 =$ ....
Le triple de 25 est	$3 \times 2,5 =$ ....
Le quadruple de 5 est	$4 \times 0,5 =$ ....
Le quadruple de 15 est	$4 \times 1,5 =$ ....
Le quadruple de 25 est	$4 \times 2,5 =$ ....

2 Complète.

1,5 × .... = 3	1,5 × .... = 6	1,5 × 8 = ...
2,5 × .... = 5	2,5 × .... = 10	2,5 × 8 = ...
0,5 × .... = 1	0,5 × .... = 2	0,5 × 8 = ...
0,75 × .... = 1,5	0,75 × .... = 3	0,75 × 8 = ...

3 Complète.

25 × 3 = ...	75 × 3 = ...	6 × .... = 1,8
2,5 × 3 = ...	0,75 × 3 = ...	0,7 × .... = 1,4
5 × 3 = ...	20 × .... = 10	2 × .... = 1,6
0,5 × 3 = ...	5 × .... = 1	0,7 × .... = 2,8

4 Observe l'exemple et effectue les calculs en ligne.

7,5 + 4 + 2,5 = 10 + 4 = 14

2,5 + 6 + 2,5 = ...

2,5 + 3 + 2,5 + 2,5 + 2,5 = ...

0,5 + 2 + 0,5 + 3 = ...

1,5 + 10 + 1,5 = ...

Je cherche

1 Une guimauve coûte 0,75 €.

a) Quel est le prix de 2 guimauves ?

....

b) Quel est le prix de 4 guimauves ?

....

2 Un arrosoir contient 2,5 litres d'eau.
On verse 3 arrosoirs dans une bassine.

Quelle quantité d'eau y a-t-il dans la bassine ?

....

....

3 La mère de Jérémy est deux fois plus grande que lui. Jérémy mesure 0,80 m.
Combien mesure sa mère ?

....

4 Sophie a acheté 3 cartes postales valant 1,50 € chacune et 3 timbres à 0,50 € pièce.
À combien lui reviennent les cartes postales expédiées ?

....

5 Un timbre vaut 0,50 €. Combien valent :

- 2 timbres ?

....

- 4 timbres ?

....

- 3 timbres ?

....

- 10 timbres ?

....

6 Complète la facture.

matériel	quantité	prix unitaire	prix total
cahiers	30	0,53 €	....
stylos	20	0,40 €	....
carnets	10	0,75 €	....
Montant total de la commande			....

Constructions

Je m'entraîne

1 Construis les figures suivantes en respectant les dimensions indiquées.

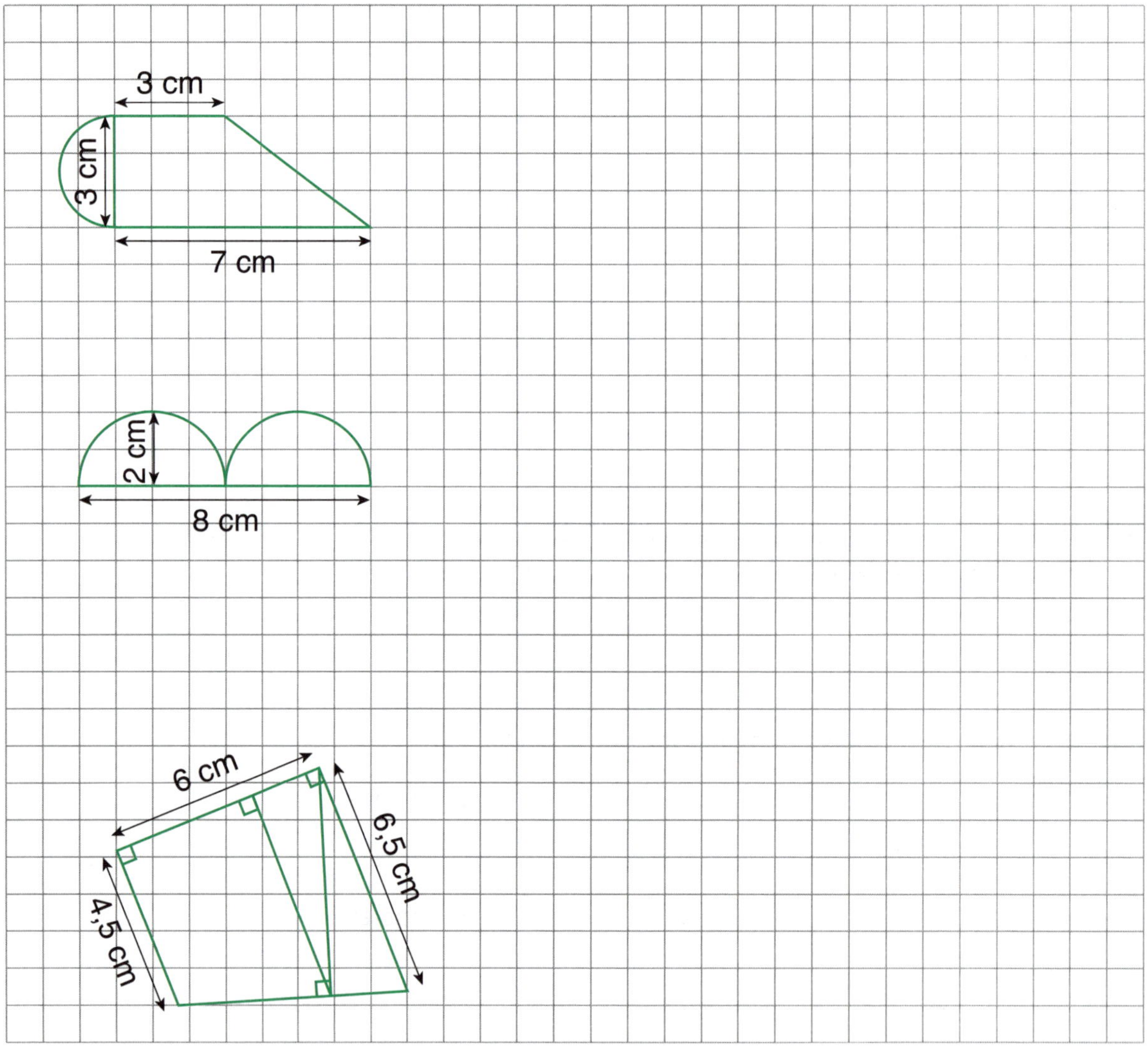

2 En utilisant un compas, construis un triangle équilatéral dont chaque côté mesure 4 cm.

Je cherche

1 Réalise la construction suivante.

- Trace un rectangle *ABCD* de dimensions 7 cm sur 5 cm.
- Place un point *E* sur le côté *AB* de ce rectangle, situé à 3 cm du point *A*.
- Trace la droite perpendiculaire au côté *AB* qui passe par le point *E* ; elle coupe le côté *CD* au point *G*.
- Trace le segment *EG*.
- Trace les triangles *CED* et *AGB*.
- Compare les aires de ces triangles.

2 Écris un message permettant de réaliser la construction du patron d'une pyramide à base carrée puis réalise ce patron.

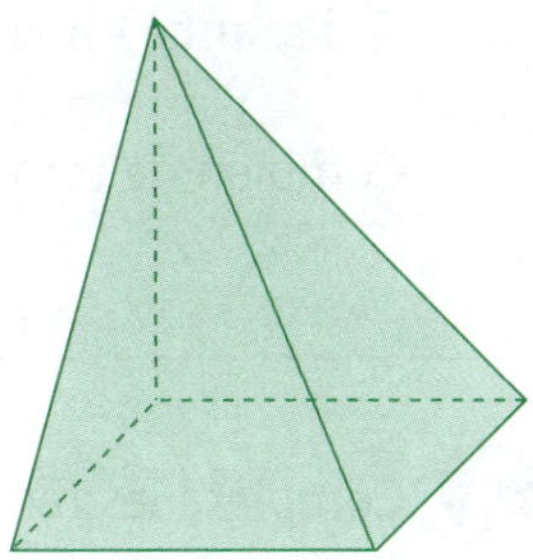

3 Écris un message permettant à un camarade de reproduire cette maison sur un quadrillage.

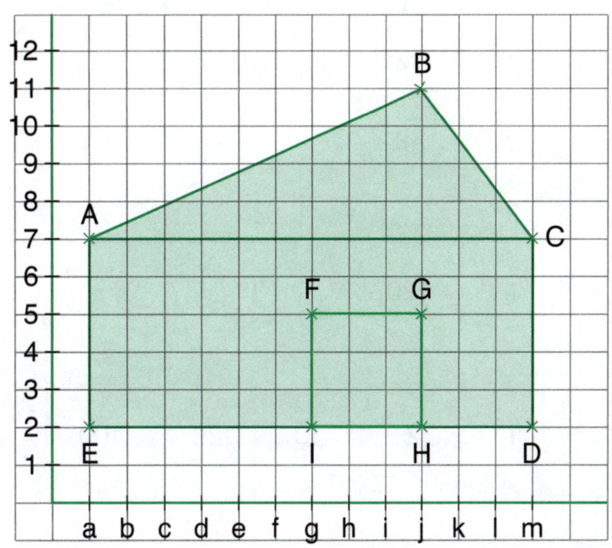

Proportionnalité (1)

Je m'entraîne

1 Une voiture consomme en moyenne 6 litres de carburant pour parcourir 100 km.
Complète le tableau.

distance en km	10	20	30	50	100	150	200
consommation en L	....	....	....	....	6	....	....

Combien consommera la voiture pour parcourir 300 km ?

....

2 Une voiture roule à la vitesse moyenne de 84 km par heure. Complète le tableau.

durée	1 h	$\frac{1}{2}$ h	$\frac{1}{4}$ h	1 h $\frac{1}{2}$	1 h $\frac{1}{4}$	2 h
distance en km	84	....	....	....	....	....

Combien de temps mettra la voiture pour parcourir 252 km ?

....

3 Complète les tableaux quand c'est possible.

(.....)

1	24
2	48
3	....
....	120

(× 3) (× 2)

0	....	....
1	....	....
2	....	....
3	....	....

(.....)

1	2	3	4
....	....	....	....
....	....	....	....

(× 3) (× 2) (.....)

1	2	10	20	100
....	....	....	....	....

(× 2,5)

1	2	3	4
3	....	6	....

(.....)

4 Le directeur achète des cahiers pour l'école.
Complète le tableau.

cahier	1	10	20	50	70	100	150	200
euros	1,10	....	....	....	....	....	....	....

Combien devra-t-il verser pour obtenir 250 cahiers ? ....

5 Une pochette contenant des stylos coûte 8,50 €. Quel est le prix de :

- 2 pochettes ? ....
- 3 pochettes ? ....
- 5 pochettes ? ....

Combien a-t-on de pochettes avec 34 € ? ....

6 Les fraises sont vendues 4,80 € le kg. Quel est le prix de :

0,5 kg de fraises ? .... 2 kg de fraises ? .... 2,5 kg de fraises ? ....

Je cherche

1 Sur son vélo, Alice avance de 14 m lorsqu'elle fait 2 tours de pédalier.

a) Combien de tours de pédalier devra-t-elle faire pour parcourir 700 m ?

....

....

b) Quelle distance aura-t-elle parcourue lorsqu'elle aura fait 35 tours de pédalier ?

....

....

2 Pour préparer un verre de 20 cL de boisson, il faut 4 cL de sirop et 16 cL d'eau.

a) Quelle quantité de sirop faut-il pour préparer :

- 40 cL de boisson ? ....
- 100 cL de boisson ? ....
- 200 cL de boisson ? ....

b) Combien de verres peut-on préparer avec 1 L de sirop ?

....

Proportionnalité (2)

Je m'entraîne

1 Monsieur Lonchampt doit verser 10 % du prix d'une maison au moment de son achat.
Il verse 1 500 €. Quel est le prix de la maison ?

....

....

2 Un supermarché accorde une réduction de 5 % sur tous les articles pendant la semaine d'anniversaire du magasin. Cela veut dire que la réduction est de 5 € sur un objet de 100 €.
Le graphique suivant indique la réduction accordée selon le montant des achats.

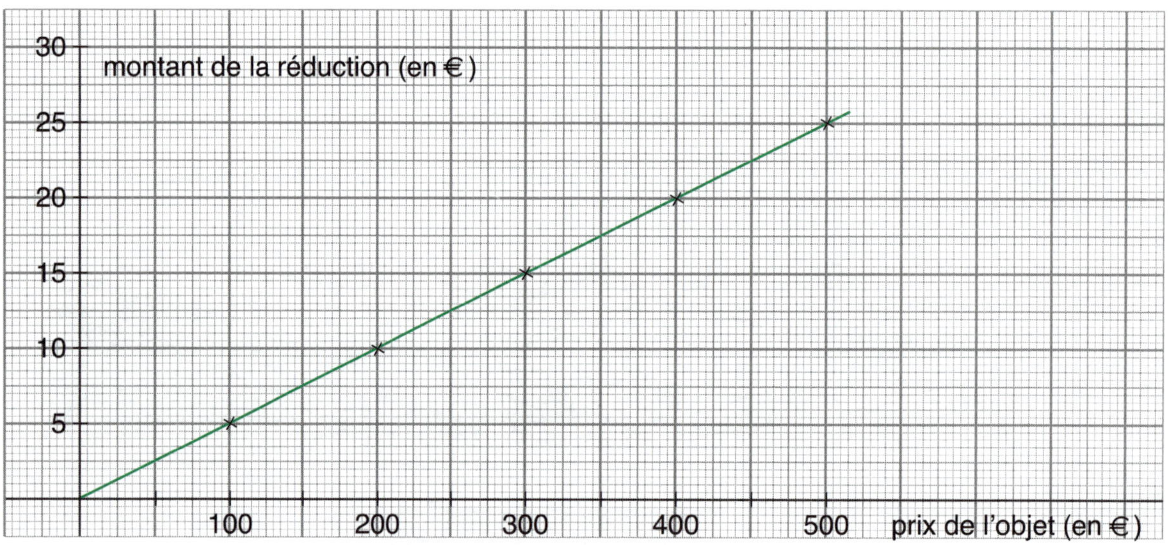

Complète en te servant du graphique.

- Pour un achat de 200 €, la réduction est de ....
- Pour un achat de 500 €, la réduction est de ....
- On bénéficie d'une réduction de 30 € quand on a effectué un achat de ....

3 Sur l'autoroute du Sud, une voiture roule à la vitesse moyenne de 110 km/h.
Complète le tableau.

distance en km	....	....	....	....	550	660	....
durée en h	$\frac{1}{2}$ h	1 h	1 h $\frac{1}{2}$	3 h	....	....	4 h $\frac{1}{2}$

....

4 **a)** Sur un plan, 1 cm représente 2 km dans la réalité.

Quelle est l'échelle de ce plan ? ....

b) Sur ce plan, deux villages se trouvent à une distance de 3,5 cm.

À quelle distance cela correspond-il dans la réalité ? ....

Je cherche

1 Un escargot met 5 min pour parcourir une distance de 40 cm.

a) Calcule sa vitesse en cm par min.

....

b) Calcule la distance parcourue par l'escargot en 1 h.

....

2 Monsieur Rozet a placé 9000 € à la banque. Cette somme lui a rapporté 360 € d'intérêts au bout d'un an.
Quel pourcentage de la somme placée représentent les intérêts ?

....

....

3 Voici le plan simplifié du quartier d'une ville à l'échelle $\frac{1}{10000}$.

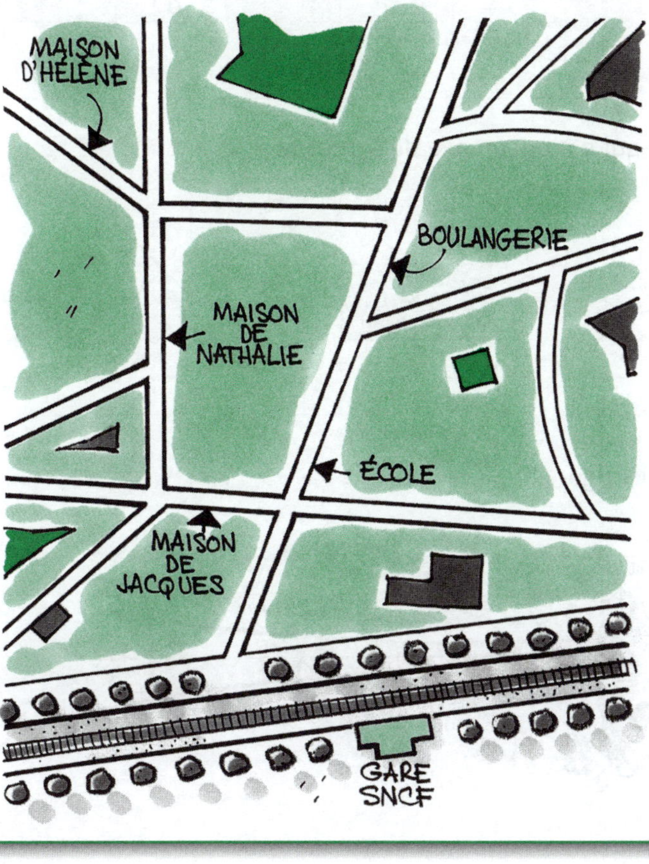

a) Le matin, Hélène va à l'école en passant devant la boulangerie.

- Quelle est, sur le plan, la longueur de ce trajet ?

....

- Calcule la distance parcourue par Hélène le matin.

....

b) L'après-midi, Hélène passe chercher Nathalie puis Jacques avant de se rendre à l'école.

- Quelle est, sur le plan, la longueur de ce trajet ?

....

- Calcule la distance parcourue par Hélène l'après-midi.

....

29 Symétrie

Je m'entraîne

1 Quels sont les dessins symétriques par rapport à la droite *d* ?

....

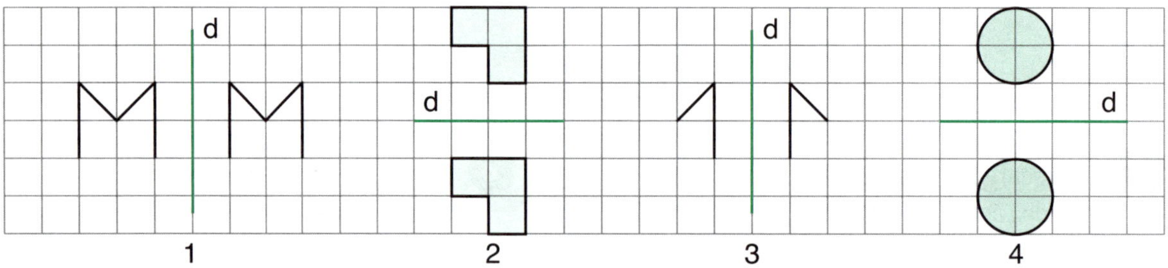

2 Trace le symétrique de chaque dessin par rapport à la droite *d*.

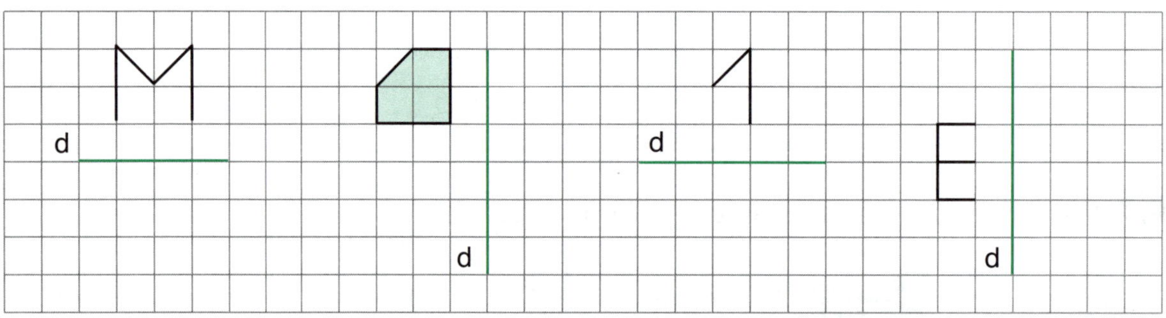

3 **a)** Parmi les figures suivantes, entoure celle qui n'a aucun axe de symétrie.

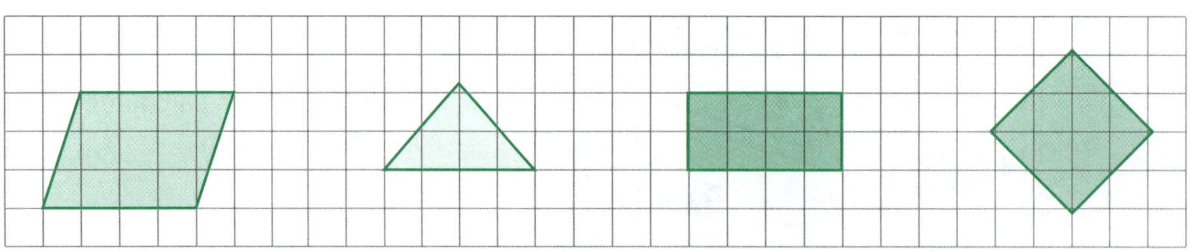

b) Trace le ou les axes de symétrie des autres figures.

Je cherche

1 Trace tous les axes de symétrie du carré.

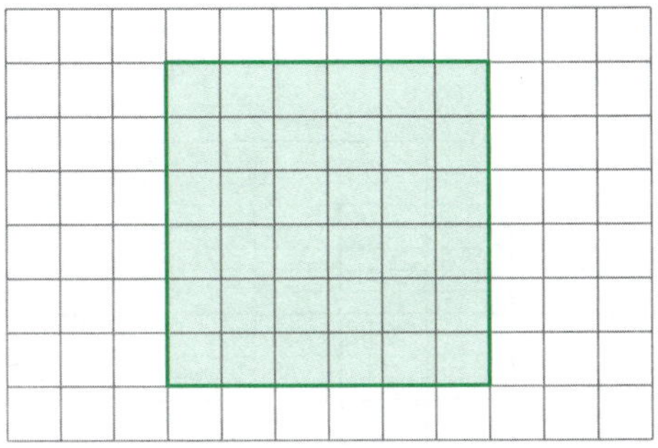

2 Trace tous les axes de symétrie de l'étoile.

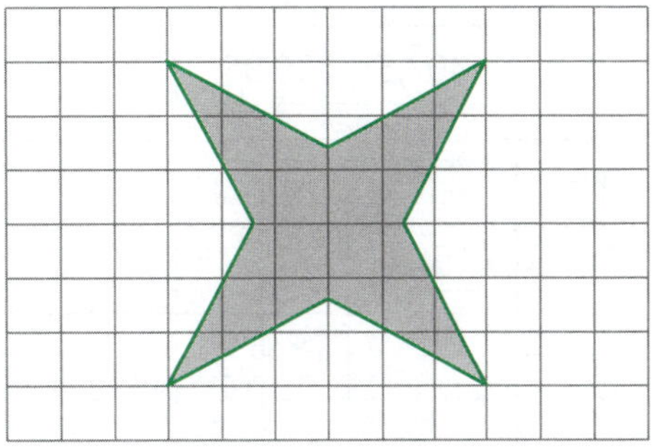

3 Construis le symétrique du vélo par rapport à la droite verte.

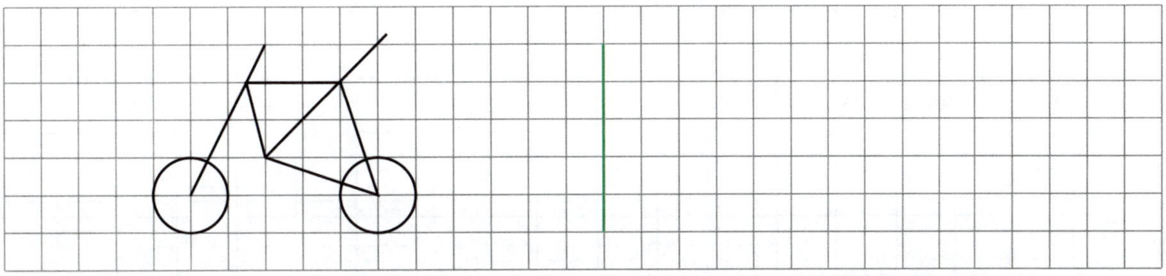

4 Les dessins ci-dessous doivent tous être symétriques par rapport à la droite verte.
Entoure les erreurs puis complète les trois dernières figures.

Opérations sur les décimaux

Je m'entraîne

1 Pose et effectue les opérations suivantes.

407,5 + 36,85	4635 − 128,5	24,5 − 8,72
85,6 × 18	17,2 × 31	95,6 × 15

2 Sans poser les opérations, indique le résultat approché des opérations suivantes.

1435 + 18,5 + 104 → .... 4025 + 96 → .... (845 + 107) × 34,2 → ....

36,5 × 9 → .... 32,14 × 8 → .... (1012 − 89) × 7,8 → ....

56,50 × 11 → .... 102,6 − 49 → .... 437 × 27 → ....

3 Avec ta calculette, cherche un calcul donnant le résultat indiqué.

.... × .... = 5,5 .... + ... = 164,85

.... + ... = 745,5 .... − .... = 36,7

.... − .... = 6,538 .... × .... = 18,6

Je cherche

1 Anne achète une paire de chaussons et une paire de chaussures.
Les chaussons coûtent 6,75 € et les chaussures 3 fois plus cher.

a) Combien dépense-t-elle ?

....

b) Elle donne 30 €. Lui rend-on suffisamment d'argent pour qu'elle puisse acheter 2 boîtes de cirage à 1,85 € l'une ?

....

---

2 **a)** Brigitte va à la boucherie. Elle achète :
– 500 g de rôti à 12,80 € le kg ;
– 0,350 kg de jambon à 15 € le kg ;
– un poulet de 1,3 kg à 6 € le kg.
Combien va-t-elle payer ?

....

b) Elle donne un billet de 20 € au boucher. Combien va-t-il lui rendre ?

....

---

3 Une bonbonne de 12 litres de vin est vendue 1,40 € le litre.
Quel est le prix de la bonbonne ?

....

---

4 Monsieur et madame Roux ont acheté une table de jardin à 55 € et 4 chaises à 10,50 € pièce.
Combien ont-ils dépensé ?

....

5 Pour un même produit, deux commerçants affichent, l'un : 7,50 € le lot de 5 boîtes de 1 kg ; l'autre : 15 € le lot de 6 boîtes de 2 kg. Chez quel commerçant l'achat est-il le plus avantageux ?

....

---

6 Complète ce ticket de caisse.

MAGASIN BAPRI

04.03.2004 — 12.10

****

Yaourts	3,00 €
Jambon	3,50 €
Légumes	4,20 €
Pâtisserie	....
Jus de fruits	2,50 €
TOTAL	15,10 €

MERCI DE VOTRE VISITE

31 Angles

Je m'entraîne

1 **a)** Décalque les angles puis complète les phrases.

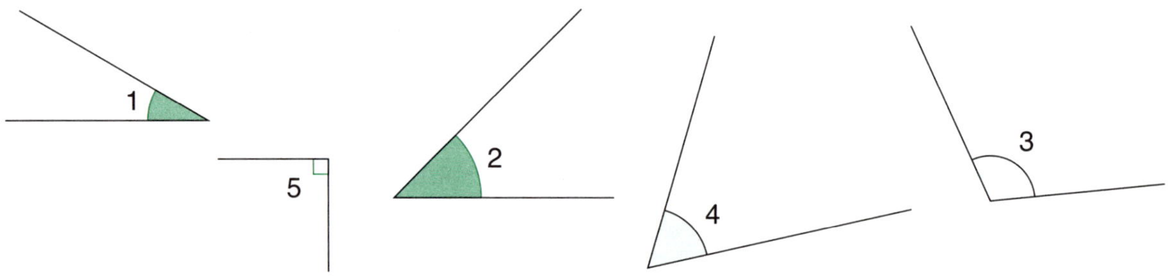

L'angle le plus petit est l'angle n° .... L'angle le plus grand est l'angle n° ....

L'angle 5 s'appelle ....

b) Si un angle est plus petit qu'un angle droit, c'est un angle aigu.
Si un angle est plus grand qu'un angle droit, c'est un angle obtus.

Quels sont les angles aigus ? ....

Quels sont les angles obtus ? ....

2 Sur chaque figure, colorie en bleu les angles aigus et en rouge les angles obtus.
(Utilise une équerre transparente.)

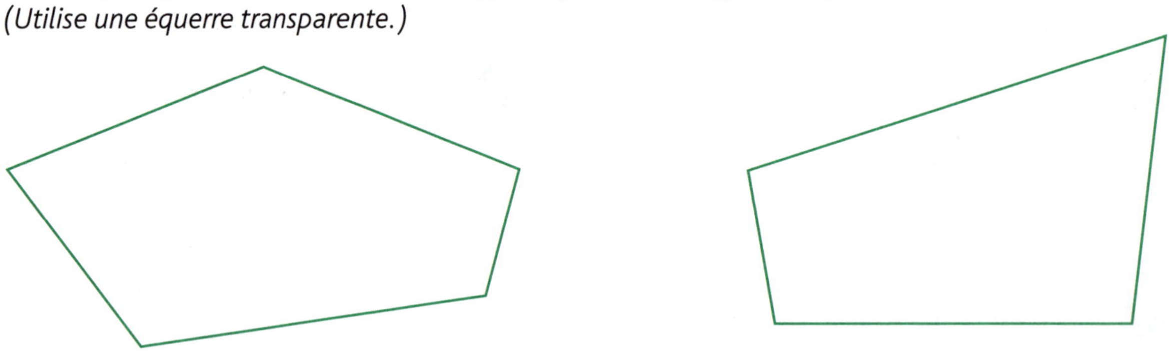

3 **a)** Reproduis les angles suivants sur du papier-calque, puis découpe-les.

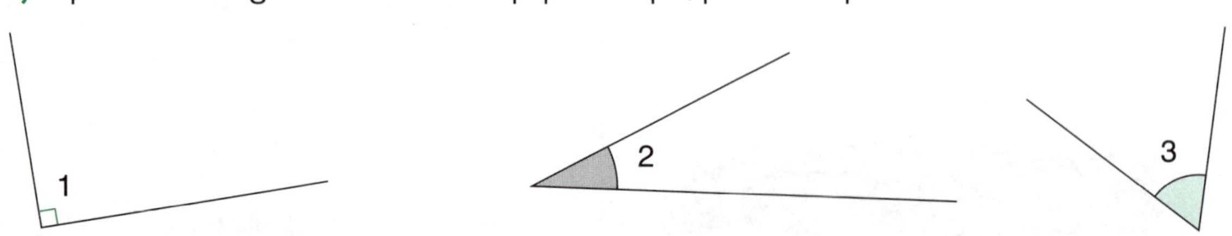

b) Range ces angles du plus petit au plus grand.

....

Je cherche

1

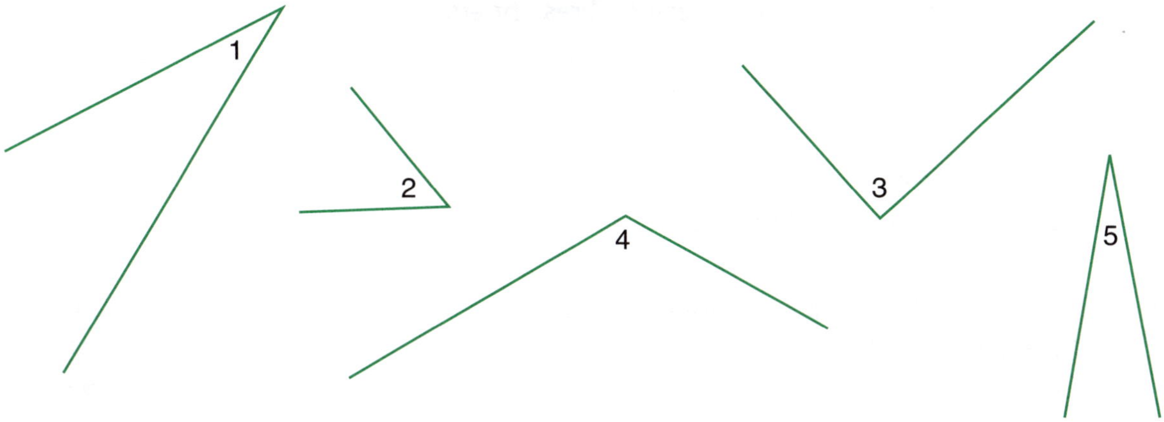

a) Trouve le numéro de l'angle droit. ....

b) Quels sont les angles aigus ? ....

c) Y a-t-il un angle obtus ? ....

2 Quels sont les angles égaux ?
(Tu peux utiliser du papier-calque pour les comparer.)

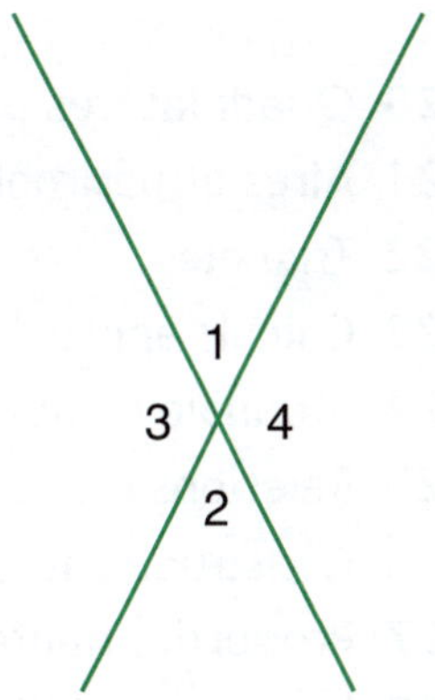

....

....

....

3 À l'aide de papier-calque, reproduis les angles 2 et 3 puis juxtapose-les.
Que remarques-tu ?

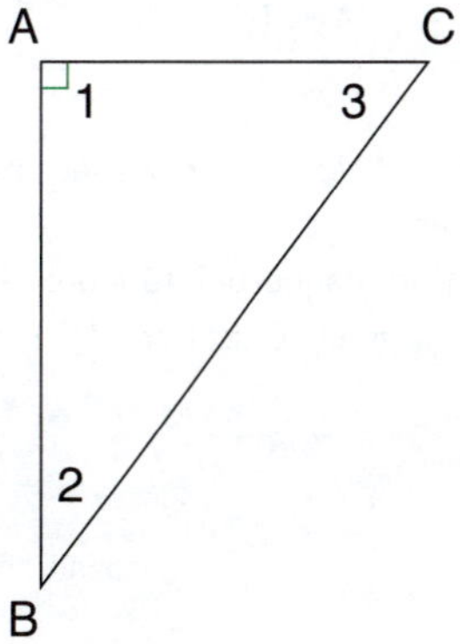

....

....

....

....

....

Table des matières

1 Numération décimale de position 2
2 Mesurer des longueurs 4
3 Additionner et soustraire des nombres entiers 6
4 Les polyèdres 8
5 Multiplier des nombres entiers 10
6 Mesurer des masses 12
7 Multiples et diviseurs d'un nombre 14
8 Droites perpendiculaires et droites parallèles 16
9 Diviser des nombres entiers 18
10 Repérage du temps, mesure des durées 20
11 Fractions 22
12 Cercles 24
13 Nombres décimaux 26
14 Figures planes 28
15 Longueurs et périmètres 30
16 Additionner et soustraire des nombres décimaux 32
17 Aires et surfaces 34
18 Produit d'un nombre décimal par un nombre entier 36
19 Organiser et représenter des données numériques 38
20 Quadrilatères particuliers 40
21 Aires et périmètres 42
22 Triangles 44
23 Calculs approchés et ordres de grandeur 46
24 Monnaie et nombres décimaux 48
25 Relations entre les nombres 50
26 Constructions 52
27 Proportionnalité (1) 54
28 Proportionnalité (2) 56
29 Symétrie 58
30 Opérations sur les décimaux 60
31 Angles 62

Couverture : *Nicolas Piroux* avec une illustration de *François San Millan*
Conception maquette intérieure : *Pascal Plottier*
Mise en page et réalisation : *Michel Ganne*

Illustrations : *François San Millan*
DAO : *Gilbert Macé*
Coordination artistique : *Alexandre Millot*
Fabrication : *Josiane Nicole*
Édition : *Stéphanie Hoyos-Gomez - Stéphanie Chevais*

N° éditeur : 10133058 - Dépôt légal : mars 2006
Imprimé en France par EMD S.A.S. à Lassay-les-Châteaux - N° d'imprimeur : 15127